技工院校电子技术应用专业一体化教学学材

电子产品制作与调试

主　编　苏炳银　黄建盈　孔　璇
副主编　杨桂新　梁春妙　钱兆翰
　　　　　尤天生　梁　斌　卓小莲

吉林大学出版社

·长春·

图书在版编目（CIP）数据

电子产品制作与调试 / 苏炳银，黄建盈，孔璇主编. --长春：吉林大学出版社，2021.11
ISBN 978-7-5692-9605-1

Ⅰ. ①电… Ⅱ. ①苏… ②黄… ③孔… Ⅲ. ①电子产品－生产工艺－中等专业学校－教材②电子产品－安装－中等专业学校－教材 Ⅳ. ①TN60

中国版本图书馆 CIP 数据核字(2021)第 234718 号

书　　名	电子产品制作与调试
	DIANZI CHANPIN ZHIZUO YU TIAOSHI
作　　者	苏炳银　黄建盈　孔璇　主编
策划编辑	王蕾
责任编辑	王蕾
责任校对	郭湘怡
装帧设计	胡广兴
出版发行	吉林大学出版社
社　　址	长春市人民大街 4059 号
邮政编码	130021
发行电话	0431-89580028/29/21
网　　址	http://www.jlup.com.cn
电子邮箱	jdcbs@jlu.edu.cn
印　　刷	北京荣玉印刷有限公司
开　　本	787mm×1092mm　1/16
印　　张	12.25
字　　数	285 千字
版　　次	2021 年 11 月　第 1 版
印　　次	2021 年 11 月　第 1 次
书　　号	ISBN 978-7-5692-9605-1
定　　价	49.80 元

版权所有　翻印必究

前 言

随着电子产品制造技术的发展，企业迫切需要加快培养一批具有精湛技能和高超技艺的技能人才，职业教育电子专业课程教学的主要问题是遵循着传统的教学模式已无法满足现代电子生产企业生产技术的发展，为贯彻国家经济发展和劳动者就业，以满足经济发展和企业对技术工人的需求为办学宗旨，既注重包括专业技能在内的综合职业能力的培养，也强调精益求精的工匠精神的培育，我们编写了本书。

本书以职业活动为导向，以校企合作为基础，以综合职业能力培养为核心，理论教学与技能操作融会贯通，采用以项目为基本单元，融理论于实践之中的方式，编写形式力求图文并茂，体现了明确任务、操作示范、合作学习和展示评价的四步教学模式。

本书共有五个学习任务，分别是直流稳压电源制作与调试、九路彩色流水灯制作与调试、声光控延时开关制作与调试、数字电子时钟制作与调试、八路抢答器制作与调试。本书学习任务以一体化教学步骤为驱动，努力实现"教、学、做"一体化教学模式。

通过完成本书中的各个任务，可以掌握电子产品装配、调试、检测等基本技能以及电子线路、模拟电子技术、数字电子技术等基础知识，还可以掌握与电子产品相关的新产品、新技术、新工艺，为学生将来在企业从事电子技术相关工作打下坚实的基础。

由于编者的能力有限，书中疏漏和不妥之处在所难免，敬请读者批评和指正。

编 者

2020 年 11 月

目　　录

学习任务一　直流稳压电源制作与调试 ·· 1

　学习活动一　明确工作任务，认知直流稳压电源 ·· 2
　学习活动二　识读直流稳压电源电路原理图，制定工作方案 ··························· 5
　学习活动三　绘制直流稳压电源电路原理图 ··· 9
　学习活动四　直流稳压电源的制作 ·· 13
　学习活动五　直流稳压电源的调试与验收 ·· 17
　学习活动六　工作总结与评价 ·· 20

学习任务二　九路彩色流水灯制作与调试 ·· 23

　学习活动一　明确工作任务，认知九路彩色流水灯 ····································· 24
　学习活动二　识读九路彩色流水灯电路原理图，制定工作方案 ······················· 28
　学习活动三　绘制九路彩色流水灯电路原理图 ·· 33
　学习活动四　九路彩色流水灯的制作 ··· 43
　学习活动五　九路彩色流水灯的调试与验收 ··· 49
　学习活动六　工作总结与评价 ·· 52

学习任务三　声光控延时开关制作与调试 ·· 55

　学习活动一　明确工作任务，认知声光控延时开关 ····································· 56
　学习活动二　识读声光控延时开关电路原理图，制定工作方案 ······················· 60
　学习活动三　绘制声光控延时开关电路原理图 ·· 69
　学习活动四　声光控延时开关的制作 ··· 77
　学习活动五　声光控延时开关的调试与验收 ··· 84
　学习活动六　工作总结与评价 ·· 89

学习任务四　数字电子钟制作与调试 …… 92

 学习活动一　明确工作任务，认知数字电子钟 …… 93
 学习活动二　识读数字电子钟电路原理图，制定工作方案 …… 97
 学习活动三　绘制数字电子钟电路原理图和PCB图 …… 104
 学习活动四　数字电子钟的制作 …… 123
 学习活动五　数字电子钟的调试与验收 …… 137
 学习活动六　工作总结与评价 …… 146

学习任务五　八路抢答器制作与调试 …… 148

 学习活动一　明确工作任务，认知八路抢答器 …… 149
 学习活动二　识读八路抢答器电路原理图，制定工作方案 …… 153
 学习活动三　绘制八路抢答器电路原理图和PCB图 …… 159
 学习活动四　八路抢答器的制作 …… 167
 学习活动五　八路抢答器的调试与验收 …… 181
 学习活动六　工作总结与评价 …… 185

学习任务一　直流稳压电源制作与调试

【任务目标】

1. 能根据工作情境描述，明确工作任务，并填写直流稳压电源制作与调试工作单。
2. 能了解直流稳压电源的常见类型，并正确描述其主要功能。
3. 能按照工作任务要求，合理制订直流稳压电源制作与调试的工作计划。
4. 能识读直流稳压电源电路原理图，列出所需元器件清单，并制定制作与调试直流稳压电源的工作方案。
5. 能用 Altium Designer 绘图软件绘制直流稳压电源原理图。
6. 能依据工作任务的需求准备装配工具和检测仪表，领用并核对所需元器件，识别并检测相关元器件。
7. 能按照 PCB 图及安装工艺要求、电子作业安全规范完成直流稳压电源印制路板的装配，并检测其功能。
8. 能按直流稳压电源的验收标准，完成直流稳压电源的验收工作，并对其制作过程进行总结、评价。
9. 能按生产现场管理 6S 标准，清理现场垃圾并整理现场。

【建议学时】

36 学时。

【工作情境描述】

因为我国供电系统给居民日常生活用电提供的是 220V 的交流电，而生活中有很多用电设备使用的是直流电，而且适用电压不尽相同，直流稳压电源的作用即是将 220V 的交流电转换成所需电压的直流电，解决了供电与人们日常生活中部分用电设备所需电源不匹配的问题。现需要电子班同学利用 6 个工作日，在电子产品制作车间根据提供的直流稳压电源原理图，每人制作可输出 3V、6V 两种直流电压的直流稳压电源。提供的物料有：RW08-2 型直流稳压电源教学套件（每人 1 套），焊锡丝、锡膏等辅助材料若干。

【工作流程与活动】

1. 明确工作任务，认知直流稳压电源（4 学时）。
2. 识读直流稳压电源电路原理图，制定工作方案（4 学时）。
3. 绘制直流稳压电源电路原理图（12 学时）。

4. 直流稳压电源的制作（8学时）。
5. 直流稳压电源的调试与验收（4学时）。
6. 工作总结与评价（4学时）。

学习活动一　明确工作任务，认知直流稳压电源

【活动目标】

1. 能根据工作情境描述，正确填写工作单。
2. 能识别直流稳压电源的各组成部件，并认知直流稳压电源的稳压特性。
3. 能描述生产现场管理 6S 标准的内容、含义和目的。
4. 能根据任务要求，制订直流稳压电源制作与调试工作计划。

【建议学时】

4学时。

【学习过程】

一、填写工作单

阅读工作情境描述及相关资料，根据实际情况填写表 1-1-1 所列工作单。

表 1-1-1　直流稳压电源制作与调试工作单

任务名称			接单日期	
工作地点			任务周期	
工作内容				
提供物料				
产品要求				
客户姓名		联系电话	验收日期	
团队负责人姓名		联系电话	团队名称	
备注				

二、认知直流稳压电源

手机充电器是由一个直流稳压电源加上必要的恒流、限压、限时等电路构成的能给手机电池充电的电子设备，如图 1-1-1 所示。直流稳压电源就是能给手机电池充电的交直流转换器。

1．查阅相关资料或结合生活实际（图 1-1-1），简述你所知道的常用需直流电源供电用电设备的名称和功能。

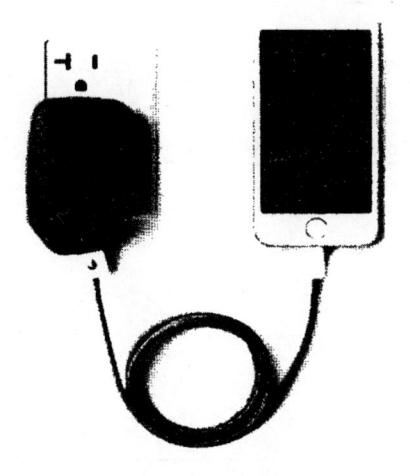

图 1-1-1　手机充电示意图

2．观察图 1-1-2，在横线上写出各图片所代表的充电器的名称、特点和应用领域。

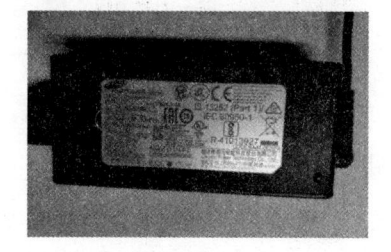

（1）名称：_____　　　（2）名称：_____　　　（3）名称：_____

图 1-1-2　常见充电器外观

图（1）充电器的特点_____应用领域_____。
图（2）充电器的特点_____应用领域_____。
图（3）充电器的特点_____应用领域_____。

3．直流稳压电源有全波整流和半波整流之分，查阅相关资料，简述全波整流和半波整流各有什么优缺点。

三、生产现场管理 6S 标准

生产现场管理 6S 标准是企业确保生产现场整洁有序、无污物，提高生产效率和品质的一种手段，是一种强调执行力的企业文化。

1. 查阅相关资料，简述 6S 的内容、含义和目的。

（1）第一个"S"：整顿_____，英文为_____，
含义：_____。
目的：_____。

（2）第二个"S"：_____，英文为_____，
含义：_____。
目的：_____。

（3）第三个"S"：_____，英文为_____，
含义：_____。
目的：_____。

（4）第四个"S"：_____，英文为_____，
含义：_____。
目的：_____。

（5）第五个"S"：_____，英文为_____，
含义：_____。
目的：_____。

（6）第六个"S"：_____，英文为_____，
含义：_____。
目的：_____。

2. 了解了企业的生产现场管理 6S 标准后，为确保实验现场整洁有序、无污物，提高课堂效率和品质，为了培养具有良好职业习惯、遵守规则的员工，营造团队精神，试在网上查阅企业相关管理制度，结合小组实际情况，制定本小组 6S 管理制度，并填写在表 1-1-2 中。

表 1-1-2　×××小组 6S 管理制度

四、制订工作计划

查阅相关资料，了解电子产品制作与调试的生产流程，根据任务要求，制订本小组的工作计划，并填入表 1-1-3 中。

表 1-1-3 直流稳压电源制作与调试工作计划表

团队名称		团队编号		任务名称		任务起止时间	
序号	计划名称	工作内容			施工日期	工时
1						
2						
3						
4						
5						
6						
7						

评价：
教师审核意见：   制定人签名：
教师签名：

【评价与分析】

根据每个小组成员在本活动学习过程中的表现情况填写"学习任务过程性考核记录表"（见附表，下同）。

学习活动二 识读直流稳压电源电路原理图，制定工作方案

【活动目标】

1. 能识读直流稳压电源电路原理图，列出制作直流稳压电源所需的主要元器件清单。
2. 能分析直流稳压电源电路原理图，了解电路的工作过程。
3. 能根据任务要求，制定、展示和决策最佳工作方案。

【建议学时】

4 学时。

【学习过程】

一、识读直流稳压电源电路原理图

1. 识读图 1-2-1 所示直流稳压电源电路原理图，列出制作直流稳压电源所需的主要元器件，并填入表 1-2-1 中。

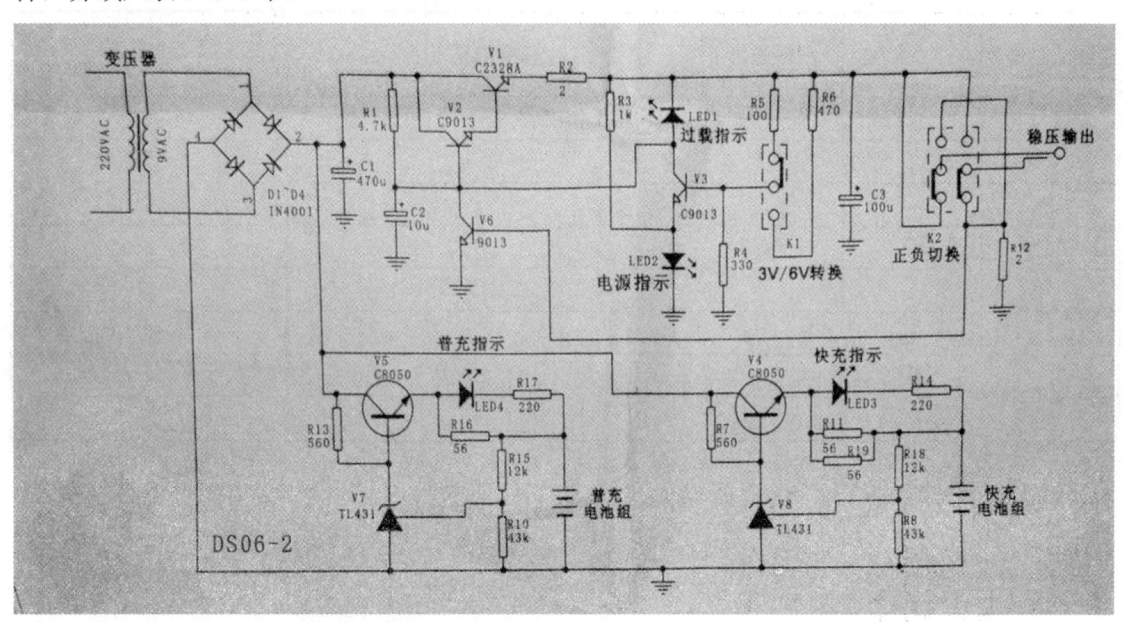

图 1-2-1　直流稳压电源电路原理图

表 1-2-1　直流稳压电源元器件清单

序号	名称	型号规格	用量
1			
2			
3			
4			
5			
6			
7			
8			
9			
10			
11			
12			

续表

序号	名称	型号规格	用量
13			
14			
15			
16			
17			
18			
19			
20			
21			
22			
23			
24			
25			
26			
27			
28			
29			
30			
31			

2．高频变压器的实物图如图 1-2-2 所示，请查阅资料后简述图中两个线圈的作用以及高频变压器的工作原理。

图 1-2-2　高频变压器实物图

3. 在直流稳压电源的电路原理图中，用整流二极管组成桥式整流电路，查阅资料后简述桥式整流电路的整流原理。

4. 根据直流稳压电源电路的工作过程，画出电路方框。

二、制定直流稳压电源制作与调试方案

根据本组成员的不同特点进行合理分工，制定本小组制作与调试直流稳压电源的工作方案，展示并决策出最佳工作方案，填入表 1-2-2 中。

表 1-2-2　直流稳压电源制作与调试方案

任务名称		任务起止时间		方案制定日期	
序号	步骤	工作内容	所需材料及工具	参与人员	备注
1					
2					
3					
4					
5					
6					
7					

教师意见及建议：　　　　　　　　　　　　　决策人（签名）：

教师签名：

　　　　　　　　　　　　　　　　　　　　　　　年　月　日

【评价与分析】

根据每个小组成员在本活动学习过程中的表现情况填写"学习任务过程性考核记录表"。

学习活动三　绘制直流稳压电源电路原理图

【活动目标】

1. 能安装 Altium Designer 简体中文版。
2. 能识别 Altium Designer 原理图编辑器的窗口结构及主要功能。
3. 能新建、保存并打开 Altium Designer 电路原理图文件。
4. 能描述 Altium Designer 电路原理图设计的一般流程和方法。
5. 能在 Altium Designer 中放置元件、导线等对象，并设置对象属性。
6. 能用 Altium Designer 绘制直流稳压电源电路原理图。

【建议学时】

12 学时。

【学习过程】

一、安装 Altium Designer 简体中文版

1. 打开购买的 Altium Designer 简体中文版软件安装包，双击其中的"setup.exe"安装程序后，软件将进入安装界面，如图 1-3-1 所示。

在计算机上完成 Altium Designer 软件的安装，并简述其主要安装步骤。

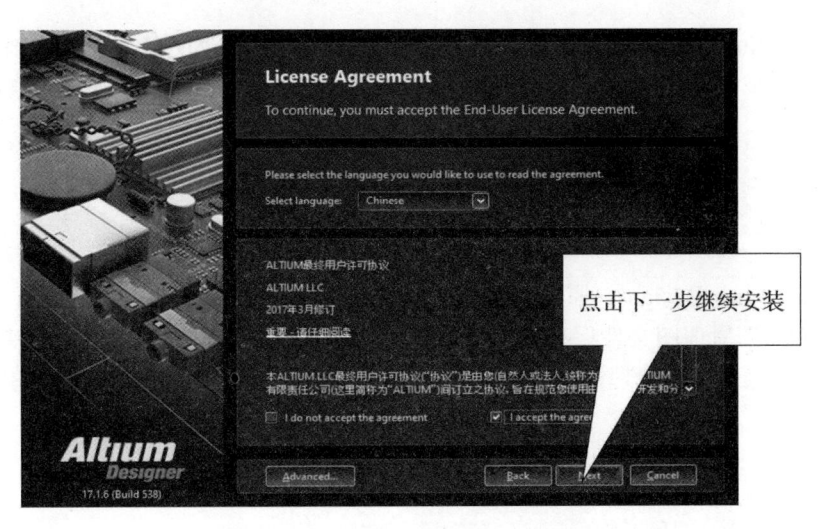

图 1-3-1　Altium Designer 安装界面

二、Altium Designer 简体中文版基本操作

1. 认知如图 1-3-2 所示 Altium Designer 简体中文版主界面的窗口结构，在方框的空白处填写相应结构的名称，并简要说明其功能。

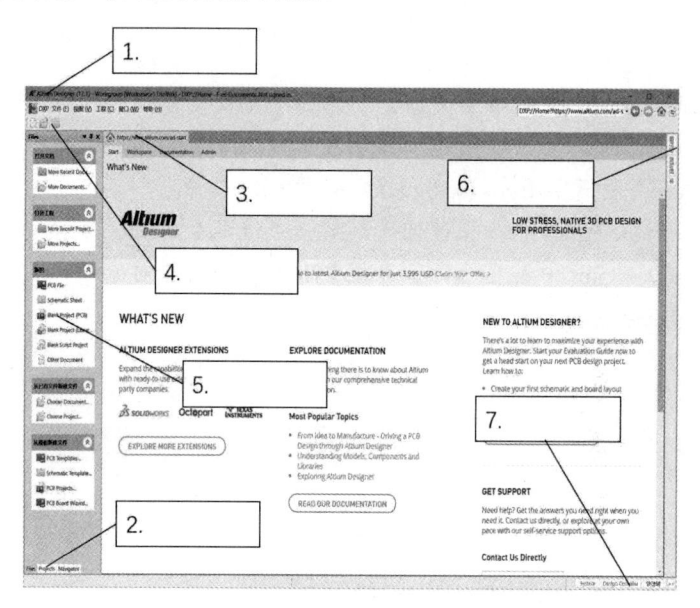

图 1-3-2　Altium Designer 窗口结构

2. 新建 Altium Designer 原理图文件。单击菜单栏中的"文件"→"创建"→"原理图"可以新建一个名为"Sheet 1.SchDoc"的原理图文件。小组讨论并简述还有哪些新建文件的方法。

3. 保存 Altium Designer 原理图文件。单击菜单栏中的"文件"→"保存"，将新建的"Sheet1.SchDoc"原理图文件保存在"E：\直流稳压电源制作与调试"文件夹下，并将文件命名为"直流稳压电源原理图.SchDoc"。小组讨论并简述还有哪些保存文件的方法。

4. 打开 Altium Designer 原理图文件的方法有多种，参考其他软件打开文件的方法，试

述打开原理图文件的多种方法并演示给其他同学。

三、认知绘制原理图常用工具栏

除可以在"放置"菜单下找到绘制原理图常用工具外，Altium Designer 还提供了绘制原理图常用工具栏，用户可以方便快捷地进行绘图。

打开绘制原理图窗口，系统默认出现最常用的"配线"和"实用工具"两个工具栏，执行菜单"查看"→"工具栏"或在菜单栏空白处单击鼠标右键，通过弹出的快捷菜单可以打开或关闭电路原理图工具栏。

1．查阅相关资料，了解"配线"和"实用工具"，为按钮标注序号并描述各按钮的作用，填入表 1-3-1 和表 1-3-2 中。

表 1-3-1　"配线"工具栏按钮及其作用

按钮序号	按钮作用	按钮序号	按钮作用
1		7	
2		8	
3		9	
4		10	
5		11	
6			

表 1-3-2　"实用工具"工具栏按钮及其作用

按钮序号	按钮作用	按钮序号	按钮作用
1		4	
2		5	
3		6	

2．元件放置、查找和属性修改。

（1）在原理图中放置元件的方法有多种，如在编辑窗口中单击鼠标右键，在弹出的快捷菜单中单击"放置元件"或单击"放置"→"元件"后，就可以打开"放置元件"对话框。查阅相关资料，小组讨论并简述其他打开"放置元件"对话框的方法。

（2）单击"放置元件"对话框中的按钮，可以打开"浏览元件库"对话框，通过该对话框可以查找需要的元件，如在"屏蔽"栏输入"res"，可找到需要的电阻器，然后单击"确认"按钮即可。小组讨论是否还有其他查找元件的方法并演示。

（3）元件放置后，若要修改其属性，可以将鼠标指针移到该元件上并按住鼠标左键不放，当鼠标指针变大成"+"时，按键盘上的"Tab"键，能够打开"元件属性"对话框。查阅相关资料，简述通过"元件属性"对话框一般可以修改元件的哪些属性。

3．放置电源和接地端口。电路图中的电源和接地符号有多种形式，需要根据不同的需求进行选择。选择菜单栏中的"放置"→"电源端口"命令或单击"配线"工具栏中的"GND 端口"或"电源端口"按钮，进入电源或 GND 端口放置状态，此时按下键盘上的"Tab"键，可打电源或 GND 端口属性设置对话框。请画出电源端口和 GND 端口不同风格的简图。

四、绘制直流稳压电源电路原理图

1．请将如图 1-3-3 所示的电路原理图绘制流程图补充完整。

新建并保存原理图文件 → □ → 追加或删除元件库文件 → 添加并设置导线属性 → □

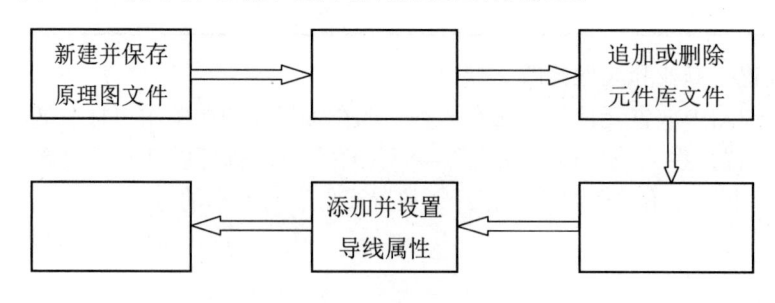

图 1-3-3　电路原理图绘制流程图

2. 绘制如图 1-3-4 所示的直流稳压电源电路原理图,并查阅相关资料,注意操作要点。

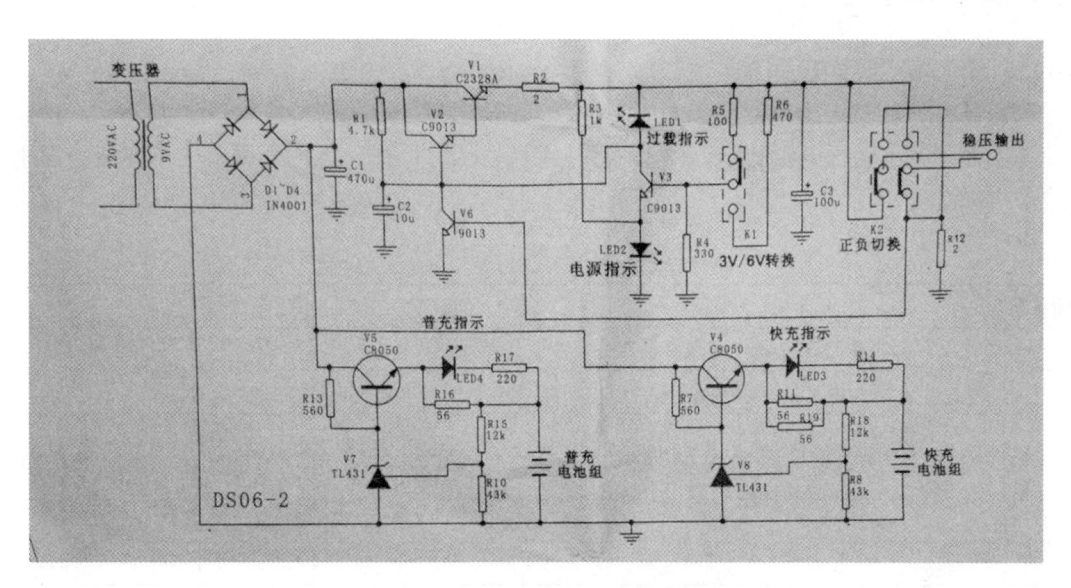

图 1-3-4　直流稳压电源电路原理图

【小提示】

在用 Altium Designer 绘制直流稳压电源电路原理图前,需要先新建一个名为"直流稳压电源元件库"的元件库文件,并在该元件库文件中新建高频变压器 T、开关元件 SW1 等元件,在绘制直流稳压电源原理图时可以直接调用。

【评价与分析】

根据每个小组成员在本活动学习过程中的表现情况填写"学习任务过程性考核记录表"。

学习活动四　直流稳压电源的制作

【活动目标】

1. 能正确填写并领取制作直流稳压电源所需的元器件、工具及材料。
2. 能正确识别和核对所领用的元器件、工具及材料。
3. 能检测稳压二极管、高频变压器等主要元器件。
4. 能按手工焊接和整机装配工艺要求完成直流稳压电源的制作。

【建议学时】

8 学时。

【学习过程】

一、领取材料及工具

1. 填写直流稳压电源制作套件及工具领用单（表 1-4-1），每人领用一组直流稳压电源套件，如图1-4-1 所示。

表1-4-1　直流稳压电源制作套件及工具领用单

任务名称：			指导教师：	
序号	套件及工具名称	型号及规格	用量	目测外观情况

图1-4-1　直流稳压电源套件

2．识别直流稳压电源制作套件中各电子元器件的名称，分类清点元器件的数量，并填写直流稳压电源元器件清单（表 1-4-2）。

表 1-4-2　直流稳压电源元器件清单

序号	位号	名称	型号规格	用量
1	R2 R12			
2	R11 R16 R19			
3	R5			
4	R14 R17			
5	R4			
6	R6			
7	R7 R13			
8	R3			
9	R1			
10	R15 R18			
11	R8 R10			
12	C2			
13	C3			
14	C1			
15	D1 D2 D3 D4			
16	V4 V5			
17	V2 V3 V6			
18	V1			
19	V7 V8			
20	J1 J2 J3			
21		变压器		
22	K1 K2			
23		正极片		
24		负极片		
25		线路板		
26		十字插头输出线		
27		外壳（上壳/下壳）		
28		自攻螺丝		
29		装配说明书		
30	LED2			
31	LED1 LED3 LED4			

二、检测元器件

按照电子产品生产工艺要求，在进行元器件装配前首先要检测元器件的功能好坏，并对有质量问题的元器件进行标记，记录在表 1-4-3 中。

表 1-4-3　检测直流稳压电源主要元器件

序号	检测内容	操作提示	检测结果
1	二极管	将万用表两表表棒分别接在二极管的两个电极上，读出测量的阻值；然后将表棒对换再测量一次，记下第二次阻值。若两次阻值相差很大，说明该二极管性能良好，根据测量电阻小的那次的表棒接法判断出与黑表棒连接的是二极管的正极，与红表棒连接的是二极管的负极。因为指针式万用表内部电源的正极与万用表的"－"插孔连通，内部电源的负极与万用表的"＋"插孔连通，如果两次测量的阻值都很小，说明二极管已经击穿；如果两次测量的阻值都很大，说明二极管内部已经断路。两次测量的阻值相差不大，说明二极管性能欠佳。在这些情况下二极管就不能使用了	
2	稳压二极管	通常所用到的稳压管的稳压值一般都大于 1.5V，而指针表的 R×1k 以下的电阻挡是用表内的 1.5V 电池供电的，这样用 R×1k 以下的电阻挡测量稳压管就如同测二极管一样具有完全的单向导电性。但指针表的 R×10k 挡是用 9V 或 15V 电池供电的，在用 R×10k 测稳压值小于 9V 或 15V 的稳压管时反向阻值就不会是∞而是有一定阻值，但这个阻值还是要大大高于稳压管的正向阻值的。如此可以初步估测出稳压管的好坏。但是好的稳压管还要有一个准确的稳压值，找一块指针表，先将一块表置于 R×10k 挡，其黑、红表笔分别接在稳压管的阴极和阳极，这时就模拟出稳压管的实际工作状态，再取另一块表置于电压挡 V×10V 或 V×50V（根据稳压值）上，将红、黑表笔分别搭接到刚才那块表的的黑、红表笔上，这时测出的电压值就基本上是这个稳压管的稳压值。这个方法只可估测稳压值小于指针表高压电池电压的稳压管	
3	高频变压器	先用万用表电阻挡 RX1 或 RX10 去测变压器的两侧线圈，都通，初级电阻大，次级电阻小（降压），再测初次级间，不能通，基本测定是好的	
4	三极管	（1）测试三极管要使用万用电表的欧姆挡并选择 R×100 或 R×1k 挡位。由万用电表欧姆挡的等效电路可知红表笔所连接的是表内电池的负极，黑表笔则连接着表内电池的正极。测试的第一步是判断哪个管脚是基极。这时任取两个电极用万用电表两支表笔颠倒测量它的正、反向电阻，观察表针的偏转角度；接着再取 1、3 两个电极和 2、3 两个电极，分别颠倒测量它们的正、反向电阻，观察表针的偏转角度。在这三次颠倒测量中必然有两次测量结果相近：即颠倒测量中表针一次偏转大，一次偏转小；剩下一次必然是颠倒测量前后指针偏转角度都很小，这一次未测的那只管脚就是要寻找的基极。 （2）找出三极管的基极后根据基极与另外两个电极之间 PN 结的方向来确定管子的导电类型。将万用表的黑表笔接触基极，红表笔接触另外两个电极中的任一电极，若表头指针偏转角度很大，则说明被测三极管为 NPN 型管；若表头指针偏转角度很小，则被测管即为 PNP 型管。 （3）找出了基极 b，可以用测穿透电流 ICEO 的方法确定集电极 c 和发射极 e。 a. 对于 NPN 型三极管，用万用电表的黑、红表笔颠倒测量两极间的正、反向电阻 Rce 和 Rec，虽然两次测量中万用表指针偏转角度都很小，但总会有一次偏转角度稍大，此时电流的流向一定是黑表笔→c 极→b 极→e 极→红表笔，电流流向正好与三极管符号中的箭头方向一致，所以此时黑表笔所接的一定是集电极 c，红表笔所接的一定是发射极 e。 b. 对于 PNP 型的三极管，道理也类似于 NPN 型，其电流流向一定是黑表笔→e 极→b 极→c 极→红表笔，其电流流向也与三极管符号中的箭头方向一致，所以此时黑表笔所接的一定是发射极 e，红表笔所接的一定是集电极 c	

三、装配印制电路板

1. 根据电子焊接工艺要求，按装配的先后顺序以数字形式对装配的元器件进行编号。
2. 按印制电路板工艺要求及表 1-4-4 所列步骤完成直流稳压电源电路板的装配。

表 1-4-4 装配直流稳压电源印制电路板

序号	装配步骤	注意事项
	插装、焊接电阻器	在电阻器引脚成形时，其引脚折弯处与电阻器末端距离应在 2mm 左右
	插装、焊接二极管	插装二极管时应注意区分二极管的极性
	插装、焊接电容器	应注意区分电容器有无极性，有极性的电容器插座时注意对应印制电路板上的极性要求
	插装、焊接三极管	注意区分 b、c、e 极
	插装、焊接变压器	注意区分初级和次级
	插装、焊接发光二极管	注意发光二极管的安装高度，注意区分发光二极管极性
	插装、焊接开关、十字插头输出线	确保开关安装正确，确保焊接十字插头输出线无虚焊、漏焊

四、直流稳压电源整机组装

1. 将直流稳压电源电路板按要求对应放置在底盖上，上盖对应盖下。
2. 用螺钉将各部分固定牢固，完成直流稳压电源整机组装任务。
3. 总结直流稳压电源整机组装工作过程及组装注意事项，并将遇到的问题及其解决方法记录下来。

【评价与分析】

根据每个小组成员在本活动学习过程中的表现情况填写"学习任务过程性考核记录表"。

学习活动五 直流稳压电源的调试与验收

【活动目标】

1. 能通过对充电电池进行充电，进一步验证直流稳压电源的功能。
2. 能用示波器测试两个输出的电压值，并画出波形图。
3. 能按验收标准完成充电器的验收，并填写直流稳压电源交付清单。
4. 能按生产现场管理 6S 标准对生产现场进行管理。

【建议学时】

4学时。

【学习过程】

一、通电测试

1. 按表1-5-1所列操作提示进行直流稳压电源的功能测试，并记录观察结果。

表1-5-1 直流稳压电源功能测试

序号	操作步骤	观察结果
1	切换到3V稳压输出，用示波器观测输出结果	
2	切换到6V稳压输出，用示波器观测输出结果	
3	给5号或7号电池充电	

你在测试自己所制作的直流稳压电源过程中，有无故障现象发生？若有，描述一下故障现象，并将解决这些故障的方法和经验与其他同学分享。

二、交付验收

1. 在与客户预约直流稳压电源交付验收的时间和地点时，试编辑你给客户发送的内容。

2. 直流稳压电源的交付与验收。

(1) 按表 1-5-2 所示直流稳压电源验收标准进行验收并评分。

表 1-5-2 直流稳压电源验收评分表

序号	验收项目	验收标准	配分	客户评分	备注
1	元器件安装	符合 PCB 板元器件工位要求,布局合理,电阻器与板上字向一致,二极管、电容器、变压器、三极管无极性错误,开关安装无误,无少装现象。不合格处,每处扣 1 分	25		
2	元器件焊接	焊点圆润、光滑,焊接时间恰当,成形好,无毛刺、无拉尖、无虚焊、无漏焊、焊盘及元器件无损坏处。不合格处,每处扣 1 分	25		
3	整机装配质量	导线与电路板、连接片连接正确,无极性错误,绝缘处理良好,整机各部分配合好,外观整洁、美观、无破损。不合格处,每处扣 1 分	25		
4	整机功能测试	能实现输入电压交流 220V,输出电压直流 3V、6V 稳压输出,左通道(E1、E2)充电电流 60~70mA,实现普通充电,右通道(E3、E4)充电电流 120~130mA,实现快速充电。不合格处,每处扣 6 分	25		

(2) 记录验收过程中存在的问题,小组讨论解决问题的方法,并填入表 1-5-3 中。

表 1-5-3 验收过程问题记录表

序号	验收中存在的问题	改进和完善措施	完成时间	备注

(3) 验收结束后,整理材料和工具,归还领用物品,并填写直流稳压电源交付清单,见表 1-5-4。

表 1-5-4 直流稳压电源交付清单

任务名称				接单日期	
工作地点				支付日期	
三方评价结果（百分制）	自我评价	小组评价	客户评价	验收结论（百分制）	
材料及工具归还清单					
序号	材料及工具名称	型号及规格		数量	备注
1					
2					
3					
4					
5					
6					
7					
8					
客户或负责人（签名）		年 月 日	团队负责人（签名）		年 月 日

三、整理工作现场

按生产现场管理 6S 标准，整理工作现场，清除作业垃圾，关闭现场电源，经指导教师检查合格后方可离开工作现场。

【评价与分析】

根据每个小组成员在本活动学习过程中的表现情况填写"学习任务过程性考核记录表"。

学习活动六 工作总结与评价

【活动目标】

1. 能按分组情况，选派代表展示本组工作成果，并进行自评和互评。
2. 能结合任务完成情况正确规范地撰写工作总结（心得体会）。
3. 能对本任务中出现的问题进行分析，并提出以后的改进措施和办法。
4. 能编写直流稳压电源的使用说明书，说明直流稳压电源的使用方法和注意事项。

【建议学时】

4 学时。

【学习过程】

一、个人、小组评价

以小组为单位，选择演示文稿、展板、海报、视频等形式中的一种或几种，向全班展示、汇报制作成果。在展示的过程中，以小组为单位进行评价，评价完成后，根据其他小组成员对本组展示成果的评价意见进行归纳总结。

二、教师评价

认真听取教师对本小组展示成果优缺点以及在任务完成过程中出现的亮点和不足的评价意见，并做好记录。

1．教师对本小组展示成果优点的点评。

2．教师对本小组展示成果缺点以及改进方法的点评。

3．教师对本小组在整个任务完成过程中出现的亮点和不足的点评。

三、工作过程回顾及总结

1．总结完成直流稳压电源制作与调试任务过程中遇到的问题和困难，列举一些你认为比较值得和其他同学分享的工作经验。

2. 把本学习任务工作过程中涉及的知识点，尤其是新学的专业知识和技能进行归纳和整理。

【评价与分析】

按照客观、公正和公平原则，在教师的指导下按自我评价、小组评价和教师评价三种方式对自己或他人在本学习任务中的表现进行综合评价。综合等级按 A（90-100）、B（75-89）、C（60-74）、D（0-59）四个级别进行填写，见表1-6-1。

表1-6-1 学习任务综合评价表

考核项目	评价内容	配分	自我评价	小组评价	教师评价
职业素养	劳动保护用品穿戴完备，仪容仪表符合工作要求	5			
	安全意识、责任意识、服从意识强	6			
	积极参加教学活动，按时完成各项学习任务	6			
	团队合作意识强，善于与人交流和沟通	6			
	自觉遵守劳动纪律，尊敬师长，团结同学	6			
	爱护公物、节约材料，管理现场符合6S标准	6			
专业能力	专业知识扎实，有较强的自学能力	10			
	操作积极、训练刻苦，具有一定的动手能力	15			
	技能操作规范，注重安装工艺，工作效率高	10			
工作成果	产品制作符合工艺规范，产品功能满足要求	20			
	工作总结符合要求，产品制作质量高	10			
总分		100			
总评	自我评价×20%＋小组评价×20%＋教师评价×60%＝	综合等级	教师（签名）：		

学习任务二　九路彩色流水灯制作与调试

【任务目标】

1. 能根据工作情境描述，明确工作任务，并填写九路彩色流水灯制作与调试工作单。
2. 了解 LED 的常见类型，熟悉其结构和图形符号，正确描述流水灯的主要功能、组成形状及常见的应用场合。
3. 能根据任务要求，合理制订制作与调试九路彩色流水灯的工作计划。
4. 能识读九路彩色流水灯电路原理图，列出所需元器件清单，并制定制作与调试九路彩色流水灯的工作方案。
5. 能用 Altium Designer 绘图软件绘制九路彩色流水灯电路原理图。
6. 能根据任务需要，准备装配工具和仪表，领用、核对所需元器件，识别发光二极管、电位器、NE555 定时器、CD4017 集成芯片等电子元器件。
7. 能熟练运用万用表对发光二极管、电位器等元器件进行检测，并判断其好坏。
8. 能按照 PCB 图和工艺文件要求、电子作业安全规范完成九路彩色流水灯印制电路板的装配。
9. 能按照安全操作规程，完成九路彩色流水灯整机组装，并通电检测其功能。
10. 能按九路彩色流水灯的验收标准，完成九路彩色流水灯的验收工作，并对其制作过程进行总结、评价和成果展示。
11. 能按生产现场管理 6S 标准，清理现场垃圾并整理现场。

【建议学时】

24 学时。

【工作情境描述】

某公司计划在新产品宣传栏四周安装多盏九路彩色流水灯，以色彩绚丽、动感十足的画面来吸引更多消费者关注该产品，从而达到推广新产品的目的。

现委托电子技术班同学，在电子产品生产车间以个人为单位，利用 7 个工作日根据指定电路图制作并调试好 40 盏能依次循环发光、流水速度可快可慢的九路彩色流水灯，如图 2-0-1 所示。经检测合格后，交付公司验收。提供的物料有九路彩色流水灯套件 40 套，焊锡丝、锡膏等辅助材料若干。

【工作流程与活动】

1. 明确工作任务，认知九路彩色流水灯（2 学时）。

2. 识读九路彩色流水灯电路原理图，制定工作方案（4学时）。
3. 绘制九路彩色流水灯电路原理图（8学时）。
4. 九路彩色流水灯的制作（4学时）。
5. 九路彩色流水灯的调试与验收（4学时）。
6. 工作总结与评价（2学时）。

图 2-0-1　九路彩色流水灯 PCB 板装配图

学习活动一　明确工作任务，认知九路彩色流水灯

【活动目标】

1. 能根据工作情境描述，正确填写工作单。
2. 能识别 LED 的类型、结构、图形符号，并能正确判断其极性。
3. 能举例说明流水灯的常见应用，利用图片、视频等方式展示常见流水灯的外观样式。
4. 能描述九路彩色流水灯的组成结构及各部分的主要功能。
5. 能根据任务要求，制订九路彩色流水灯制作与调试工作计划。

【建议学时】

2学时。

【学习过程】

一、填写工作单

阅读工作情境描述，查阅相关资料，根据实际情况填写表 2-1-1 所列工作单内容。

表 2-1-1 九路彩色流水灯制件与调试工作单

任务名称		接单日期	
工作地点		任务周期	
工作内容			
提供物料			
产品要求			
客户姓名		联系电话		验收日期	
团队负责人姓名		联系电话		团队名称	
备注			

二、认知九路彩色流水灯

流水灯是由一组 LED 组成的灯串，能在控制系统的控制下按一定的频率和规律点亮和熄灭，以形成追逐、流水、闪烁等动态灯光效果。流水灯因其简易、高效、稳定等特点而在生活和工业上得到了广泛的应用。例如，流水灯装饰在建筑物上，夜间亮灯时可使建筑物更加醒目、美观。

1. 查阅相关资料，了解 LED 的图形符号、主要用途、组成结构等，并填入表 2-1-2 中。

表 2-1-2 LED 的基本知识

中文名称	
英文名称（或简称）	
图形符号	
主要用途	
组成结构	
能量转换形式	

2. LED 与普通二极管一样，也具有单向导电性，其实物外观图和电路图形符号分别如图 2-1-1 和图 2-1-2 所示。

从外观上判别二极管正负极性有两种方法：一是通过引脚长短判别（仅限于新的，未剪过引脚的发光二极管），引脚长的为正极，引脚短的为负极；二是通过灯珠内部晶片的面积大小判别，小晶片为正极，大晶片为负极。试用任意一种方法判别图 2-1-1 和图 2-1-2 中 LED

引脚的正负极性，并将其填入相应的方框中。

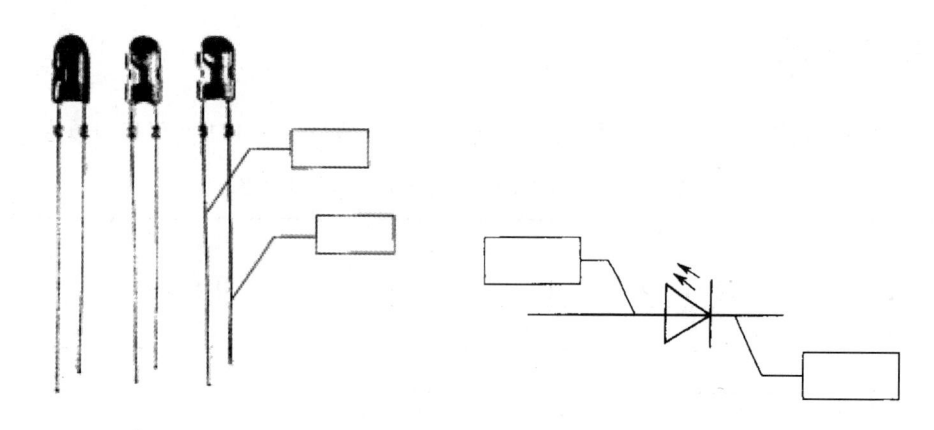

图 2-1-1　LED 实物外观图　　　　图 2-1-2　LED 电路图形符号

3．查阅相关资料，简述利用万用表判别发光二极管的正负极性。

4．LED 可以按发光颜色、材料等特征进行分类，查阅相关资料，简述 LED 的常见类型。

（1）按发光二极管发光颜色分类，可分为：_____。

（2）按发光二极管的材料分类，可分为：_____。

5．通过观察生活和查询网络资料，写出 2~3 例流水灯常见的应用场合、功能、组成形状及显示规律。

（1）流水灯应用场合 1，如图 2-1-3 所示。

图 2-1-3　流水灯应用场合 1

主要功能：_____。
组成形状及显示规律：_____。

（2）流水灯应用场合 2，如图 2-1-4 所示。

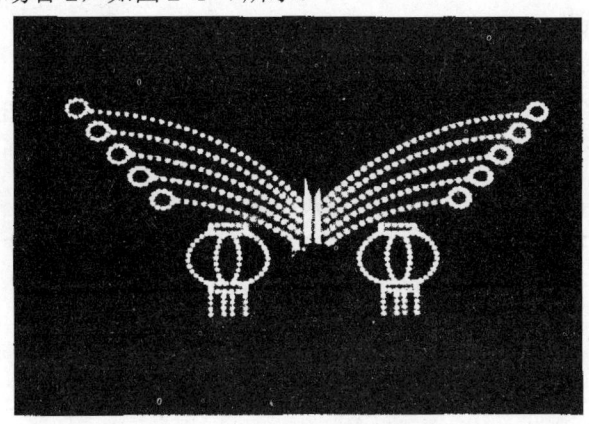

图 2-1-4　流水灯应用场合 2

主要功能_____。
组成形状及显示规律：_____。
（3）通过观察生活和查询网络资料获得的流水灯应用。

6．本任务采用数字电路来设计和制作九路彩色流水灯。仔细观察并分析如图 2-1-6 所示的九路彩色流水灯实物图，将代表该流水灯各组成部分名称的数字填写在对应的横线上，并简述各组成部分的功能。

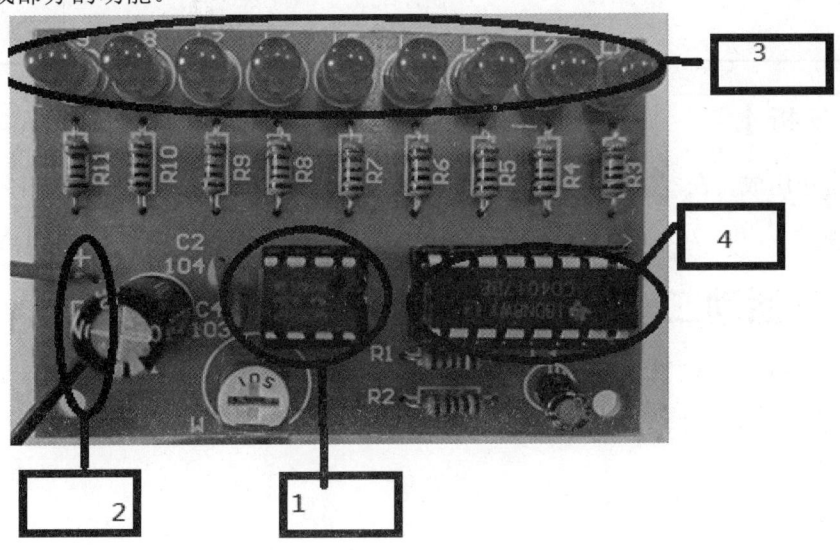

图 2-1-6　九路彩色流水灯实物图

电源部分：_____，其功能是_____。
十进制计数部分：_____，其功能是_____。
振荡器：_____，其功能是_____。
显示部分：_____，其功能是_____。

三、制订工作计划

查阅相关资料，了解电子产品制件与调试的基本步骤，根据任务要求，制订本小组的工作计划，并填入表 2-1-3 中。

表 2-1-3 九路彩色流水灯制作与调试工作计划表

团队名称		团队编号		任务名称		任务起止日期	
步骤	计划名称	工作内容			预计施工日期	预计工时	备注
1							
2							
3							
4							
5							
6							
教师审核意见： 教师（签名）：							制订计划人（签名）： 年　月　日	

【评价与分析】

根据每个小组成员在本活动学习过程中的表现情况填写"学习任务过程性考核记录表"。

学习活动二 识读九路彩色流水灯电路原理图，制定工作方案

【活动目标】

1．能识读九路彩色流水灯电路原理图，列出制作九路彩色流水灯所需的主要元器件清单。
2．能描述 NE555 定时器、CD4017 集成芯片的引脚功能及工作原理。
3．能分析九路彩色流水灯电路原理图，画出电路方框图，并简述其工作过程。
4．能分析九路彩色流水灯依次发光和控制流水速度的工作原理。
5．能根据任务要求，制定、展示和决策最佳施工方案。

【建议学时】

4学时。

【学习过程】

一、识读九路彩色流水灯电路原理图

1. 识读图2-2-1所示九路彩色流水灯电路原理图，列出制作九路彩色流水灯所需的元器件，并填入表2-2-1中。

2. NE555芯片是一款用途很广且相当普遍的计时集成电路，只需少数的电阻器和电容器，便可产生其他电路所需的各种不同频率的脉冲信号。其功能是用内部的定时器来构成时基电路，给其他电路提供时序脉冲。NE555芯片的实物图和引脚图分别如图2-2-2和图2-2-3所示。

图2-2-1 九路彩色流水灯电路原理图

表2-2-1 九路彩色流水灯元器件清单

序号	元器件名称	文字符号	图形符号	数量	备注
1					
2					
3					
4					
5					
6					
7					
8					

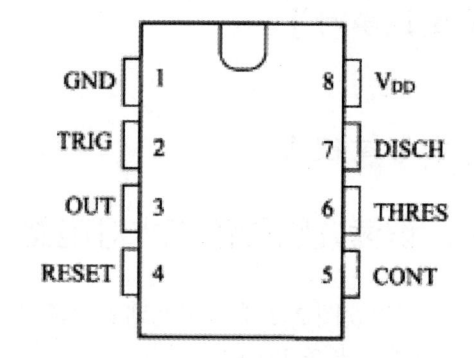

图 2-2-2　NE555 芯片实物图　　　　图 2-2-3　NE555 芯片引脚图

（1）查阅相关资料，把 NE555 芯片的引脚功能在表 2-2-2 中补充完整。

表 2-2-2　NE555 芯片引脚功能

序号	引脚名称	引脚功能	序号	引脚名称	引脚功能
1	GND		5	CONT	禁止端
2	TRIG		6	THRES	
3	OUT	输出端，电流可达 200mA	7	DISCH	放电端
4	RESET		8	VDD	

（2）了解 NE555 芯片的内部结构。

如图 2-2-4 所示，NE555 时基芯片内部集成了两个运算放大器，三个_____，一个_____，其电路特点为电压比较器和 RS 基本触发器的混成电路，可方便地构成单稳态（延时、定时）电路、双稳态（开关）电路及无稳态（振荡）电路。特别是由三只精度较高的 5k_____构成了一个电阻分压器，为上下比较器提供基准电压。

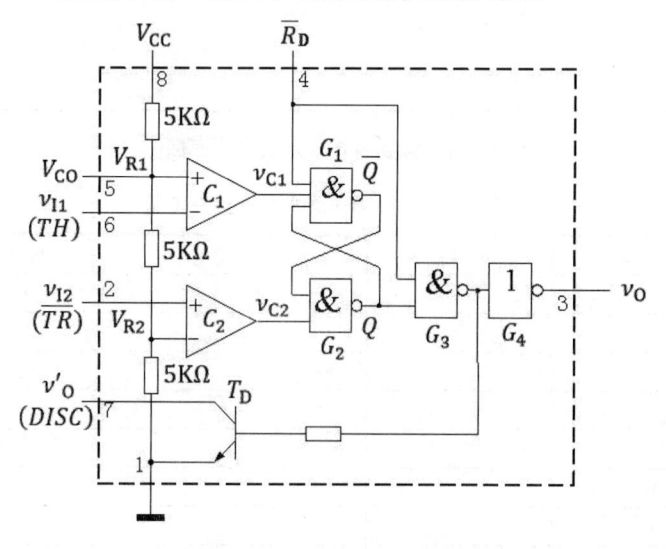

图 2-2-4　NE555 内部结构图

3. 十进制计数器/脉冲分配器 CD4017 的引脚图和真值表，分别如图 2-2-5 和表 2-2-3 所示。

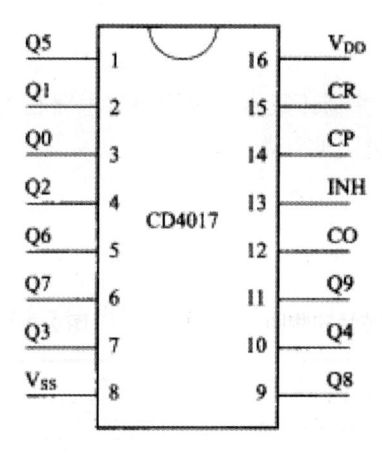

图 2-2-5　CD4017 芯片引脚图

表 2-2-3　CD4017 芯片真值表

输入			输出	
CP	INH	CR	Q0-Q9	CO
X	X	H	Q0=H（复位）	计数脉冲为 Q0-Q4 时，CO=H
↑	L	L	计数	
H	↓	L		
X	H	L	保持，禁止计数	计数脉冲为 Q5-Q9 时，CO=L
L	X	L	保持	
↓	X	L		
X	↑	L		

（1）查阅 CD4017 芯片技术资料，将表 2-2-4 中该芯片各引脚的功能补充完整。

表 2-2-4　CD4017 芯片引脚功能

序号	引脚名称	引脚功能描述	序号	引脚名称	引脚功能描述
1	Q5		9	Q8	
2	Q1		10	Q4	
3	Q0		11	Q9	
4	Q2		12	CO	进位脉冲输出
5	Q6		13	INH	禁止端
6	Q7		14	CP	
7	Q3		15	CR	
8	V_{SS}	接地端	16	V_{DD}	电源正极

（2）观察真值表，并根据 CD4017 芯片的引脚功能，简单描述其工作过程。

4．CD4017 芯片是一个十进制计数器，查阅数字电路相关资料，简述什么是计数器。除了十进制计数器外，还有哪些进制的计数器？

5．分析图 2-2-6 所示九路彩色流水灯电路原理图，查阅相关资料，并完成下列填空。

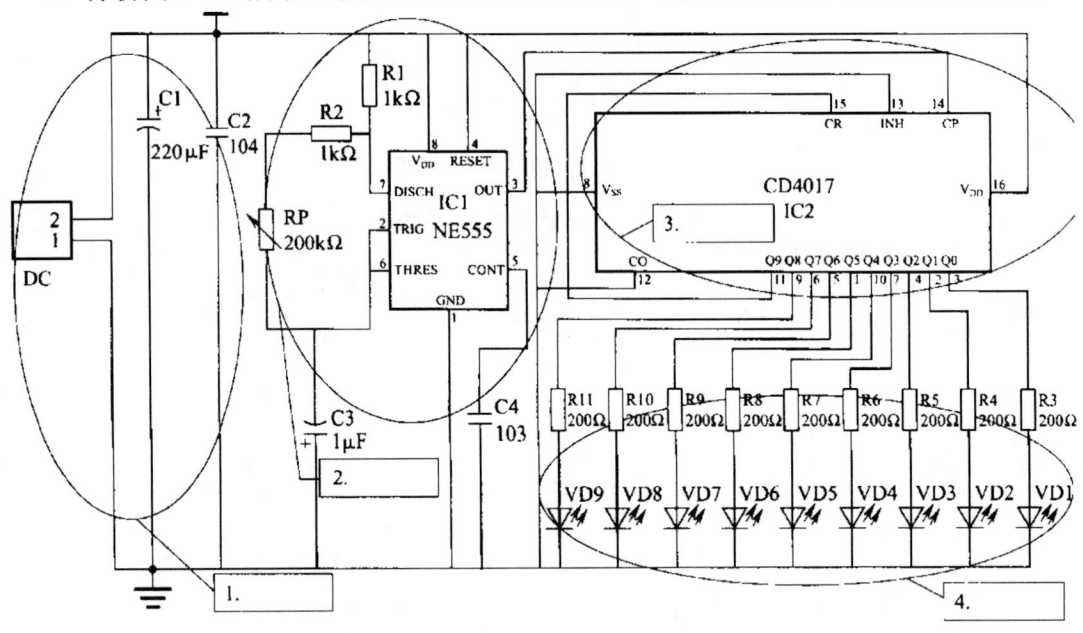

图 2-2-6　九路彩色流水灯电路原理图

（1）在图 2-2-6 中，方框 1~4 中各组成部分的名称分别为：_____、_____、_____、_____。

（2）如果按照原理图将其工作过程转化成电路方框图，则如图 2-2-7 所示，请补充以下内容。

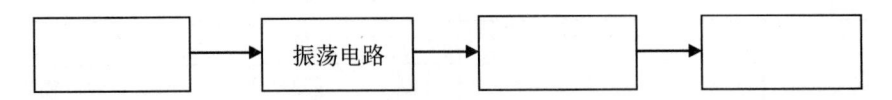

图 2-2-7　九路彩色流水灯电路方框图

（3）电路的供电形式是直流电还是交流电？

（4）该流水灯的流水速度主要由哪几个元件决定？

（5）根据电路原理图以及相关知识，简述九路彩色流水灯的工作过程。

二、制定九路彩色流水灯制作与调试方案

根据本组成员的不同特点进行合理分工，制定本小组制作与调试九路彩色流水灯的工作方案，展示并决策出最佳工作方案，填入表 2-2-5 中。

表 2-2-5 九路彩色流水灯制作与调试方案

任务名称		任务起止日期		方案制定日期		
序号	实施步骤	工作内容		所需资料材料及工具	负责人	参与人员
1						
2						
3						
4						
5						
6						
教师审核意见： 教师（签名）：_____ 决策人（签名）：_____ 年 月 日						

【评价与分析】

根据每个小组成员在本活动学习过程中的表现情况填写"学习任务过程性考核记录表"。

学习活动三　绘制九路彩色流水灯电路原理图

【活动目标】

1. 能设置 Altium Designer 原理图的绘制环境（图纸参数）。
2. 能在 Altium Designer 中进行工作窗口缩放和绘图区域位置调整等基本操作。

3. 能根据绘图需要对 Altium Designer 中各种元件、导线等对象进行编辑、修改参数。
4. 能用 Altium Designer 绘制九路彩色流水灯电路原理图，并进行电气规则检查。

【建议学时】

8 学时。

【学习过程】

一、设置原理图图纸

进入 Altium Designer 原理图编辑界面后，一般要先设置图纸参数。用户可以根据电路原理图规模和复杂程度，对图纸默认参数进行重新定义。具体方法为：选择菜单栏中的"设计"→"文档选项"命令，打开"文档选项"对话框，在弹出的"文档选项"对话框中即可对图纸参数进行设置，如图 2-3-1 所示。通过上机操作，完成下列任务，进一步熟悉图纸参数的设置方法。

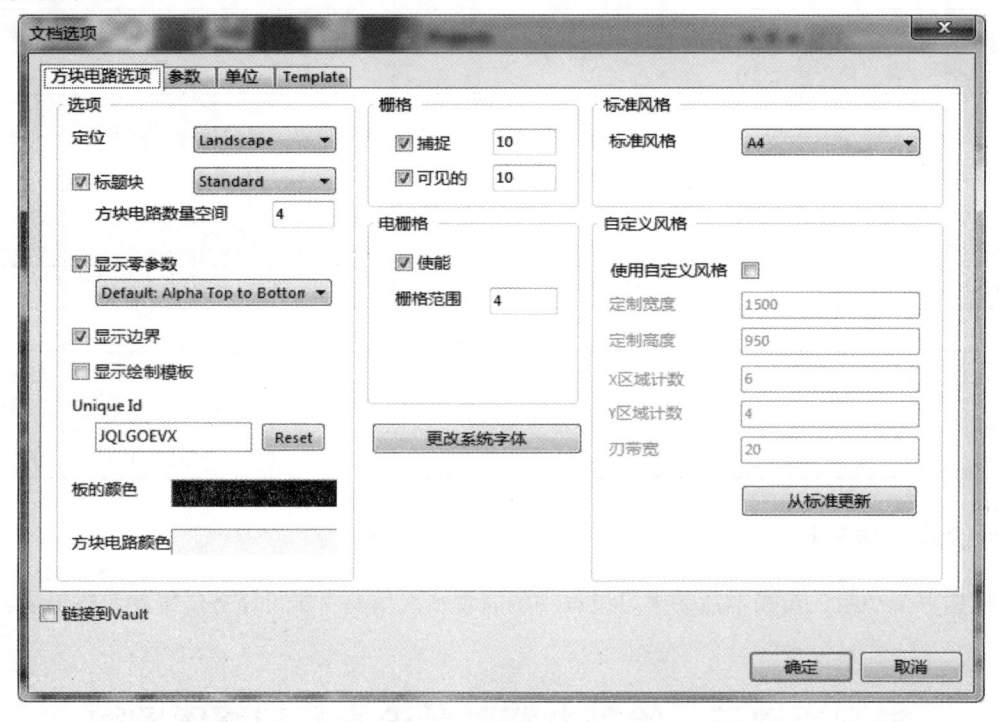

图 2-3-1 "文档选项"对话框

【小提示】

在编辑窗口中单击鼠标右键，在弹出的右键快捷菜单中选择"选项"→"文档选项"命令，或者快捷键【D】+【O】，也可弹出"文档选项"对话框。

1. 打开"文档选项"对话框，图纸尺寸可以设置为 B、A4 或者自定义尺寸[宽度和高度可根据图纸大小的需要设定（单位：mil，1mil=0.0254mm）]后，单击"确定"按钮，观察图纸变化情况。

2．图纸方向可设为纵向或者横向，图纸标题栏分别设为 Standard（标准格式）和 ANSI（美国国家标准格式），单击"确定"按钮，观察图纸变化情况。

3．勾选"显示参考区""显示边界"复选框，单击"确定"按钮，然后再取消，观察图纸变化情况。

4．图纸颜色及边缘颜色可做更改，例如，将边缘色设为"0"，图纸颜色设为"214"。系统字体也可做改变，如字体可改为"宋体""常规""12 号"。

5．简述 Altium Designer 的"文档选项"对话框中捕获网格、可视网格和电气网格的作用。

二、绘图窗口的大小缩放和位置调整

在绘制原理图时，可以通过菜单栏中"查看"的下拉菜单命令对绘图窗口进行大小缩放，通过编辑窗口右边或下边的滚动条对绘图区域进行位置调整，如图 2-3-2 和图 2-3-3 所示。

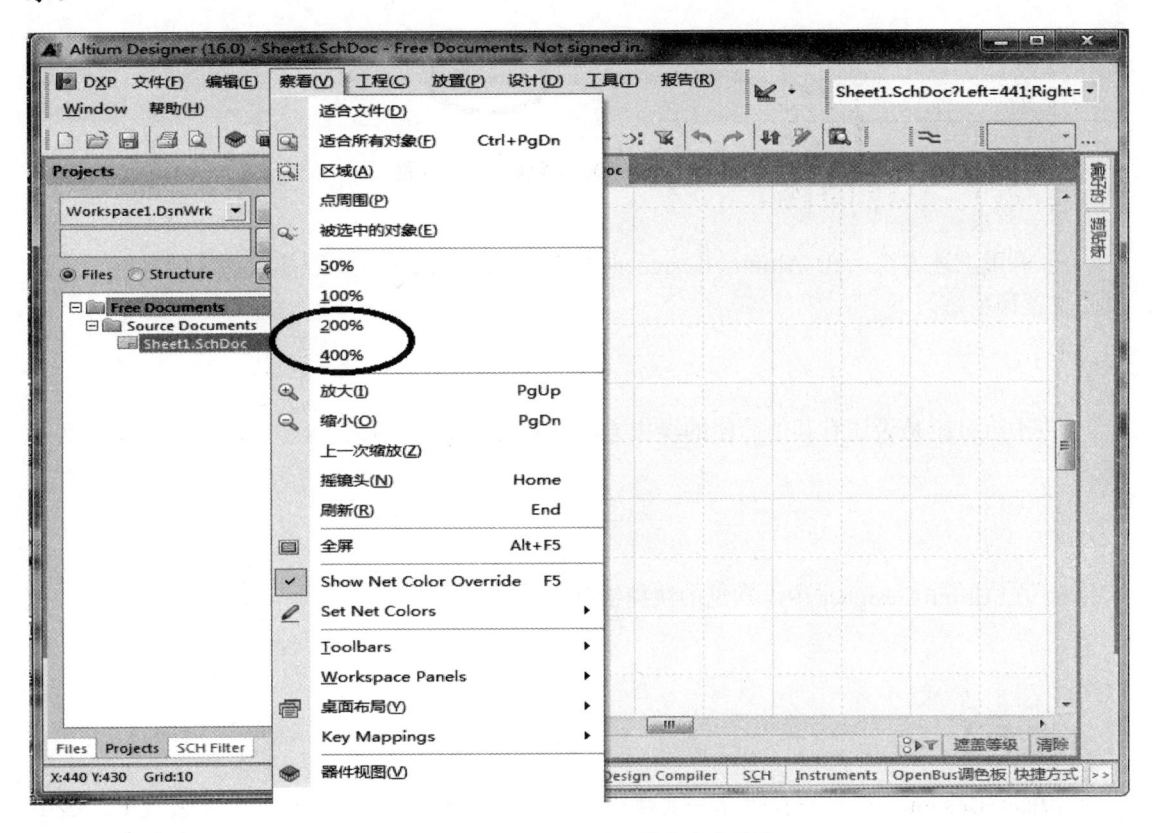

图 2-3-2　通过"查看"菜单命令缩放

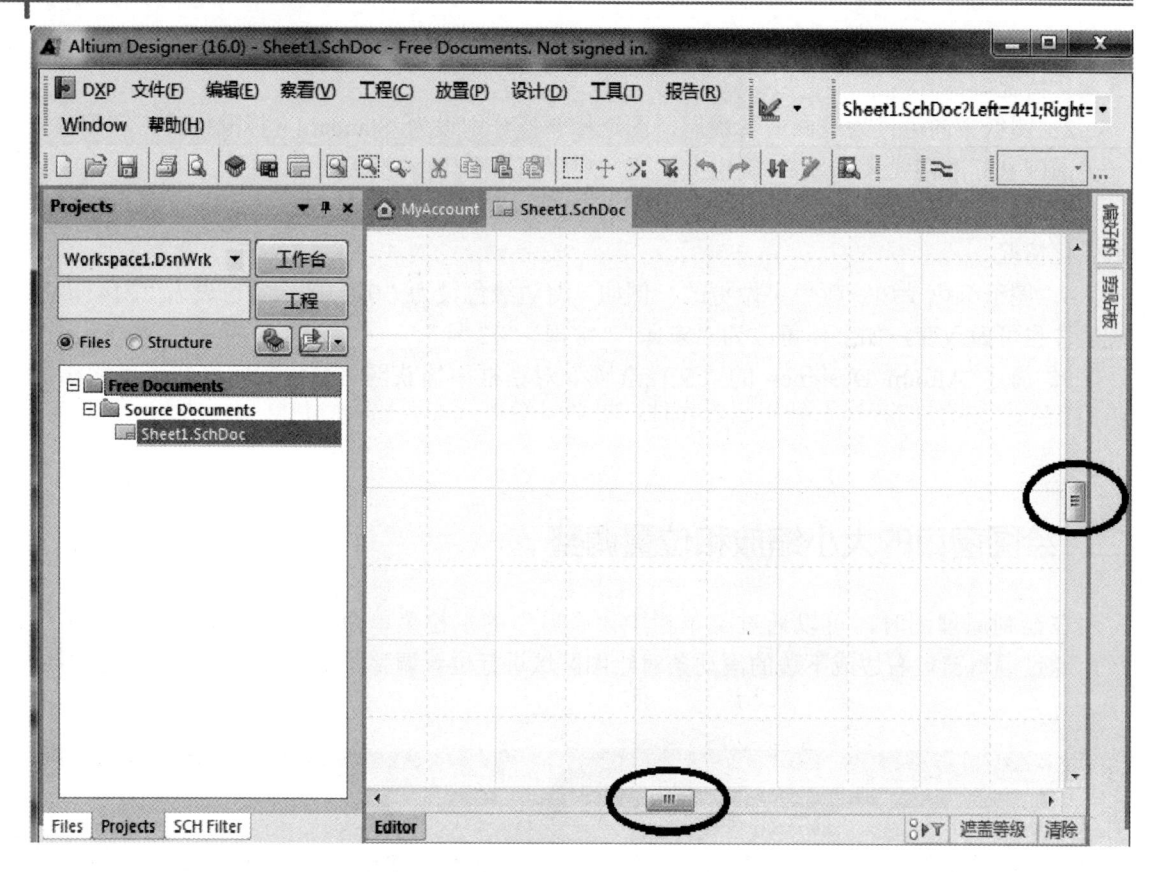

图 2-3-3　通过滚动条调整绘图位置

任务要求：

1. 利用上述方法，在 Altium Designer 中对九路彩色流水灯原理图绘图区域进行大小缩放和位置调整练习。

2. 小组讨论是否还有其他简便的操作方法。若有，简述具体的操作方法并为其他小组做演示。

3. 在 Altium Designer 中，常见的快捷键都有哪些？

【小提示】

Altium Designer 软件中提供了一些快速便捷的快捷键，查阅相关资料，写出放大、缩小的快捷键。

三、元器件的放置、排列、复制及位置调整

放置和排列元器件、复制或移动元器件、改变元器件方向是绘制原理图的常用操作。查阅相关资料，通过上机操作，完成下列任务，进一步熟悉排列、复制、移动元器件和改变元器件方向的方法。

1．放置元器件：

菜单栏"设计"→"浏览库"，点击后出现如图 2-3-4 所示内容，打开元件库，把鼠标定位在元件库上的元件中，在键盘上按下元件名称的首字母，可快速跳到相应字母的元器件位置上，方便查找。如若找不到相应的元件，可通过查找的方式快速查找到指定元件，方法如图 2-3-5 所示。

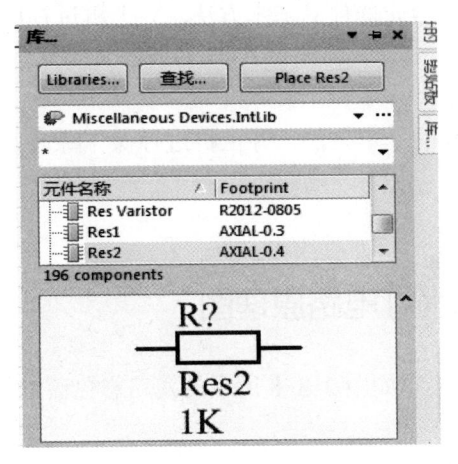

图 2-3-4　放置元器件

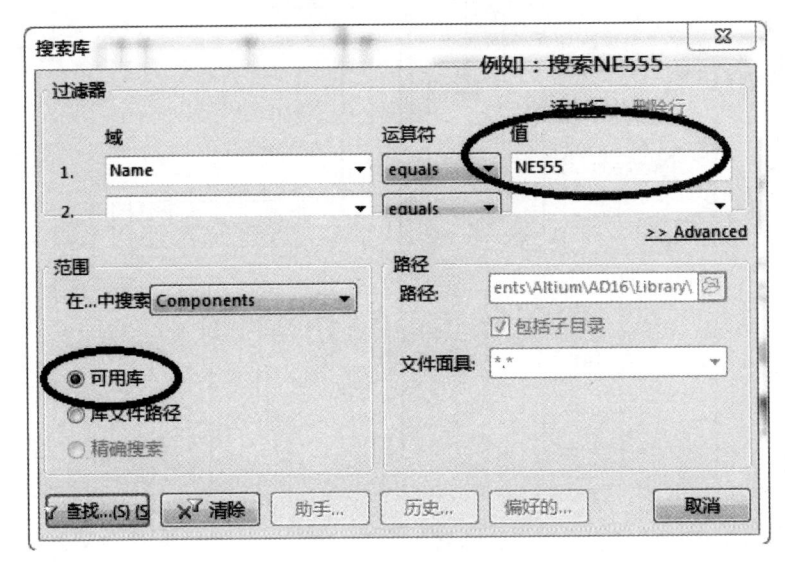

图 2-3-5　元件库查找元件

2. 先放置不同参数的 3 个电阻器，如图 2-3-6 所示，再利用"调准工具"将其水平等距排列，如图 2-3-7 所示。然后结合上机操作，简述排列和对齐元器件的常用方法。

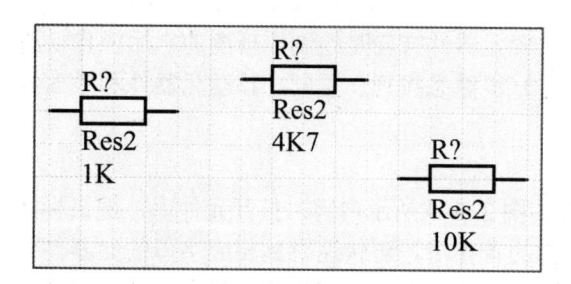

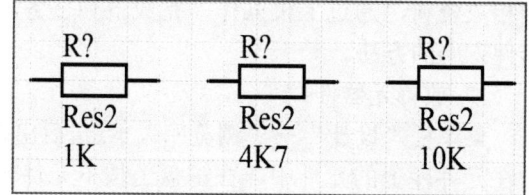

图 2-3-6　快速放直电阻器　　　　图 2-3-7　对电阻器进行水平排列

3. 简述复制、移动、删除元器件的基本方法，并上机进行操作练习。

4. 简述改变元器件方向的基本方法，并上机进行操作练习。

四、绘制九路彩色流水灯电路原理图

根据绘图的基本要点，绘制如图 2-3-8 所示的九路彩色流水灯电路原理图。

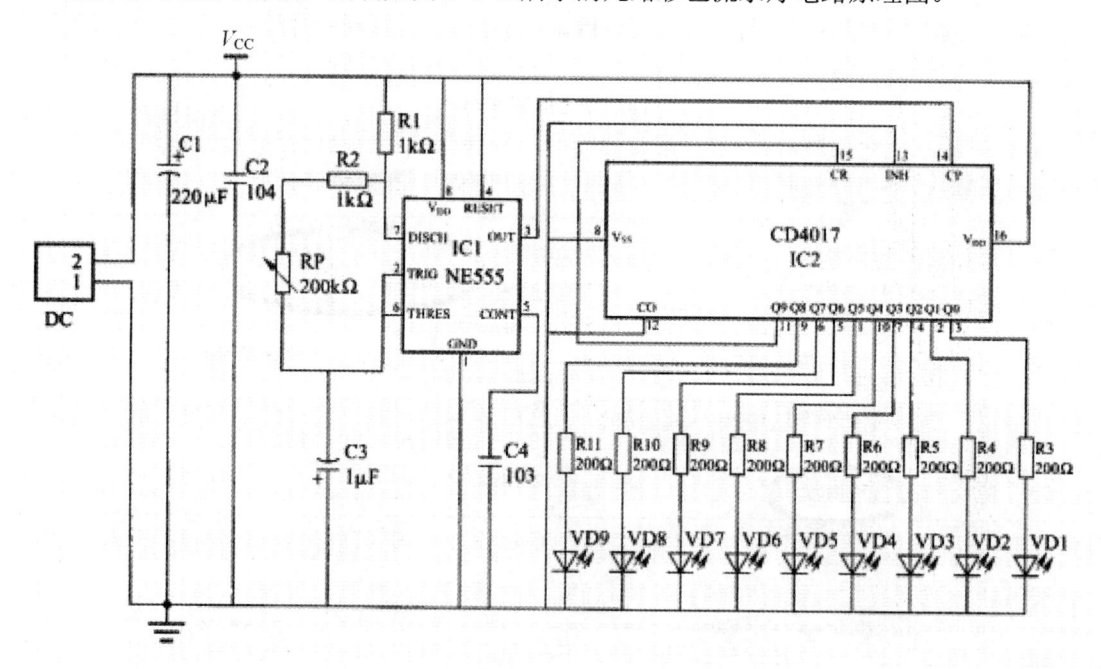

图 2-3-8　九路彩色流水灯电路原理图

步骤一：新建原理图。新建并保存为"D：\九路彩色流水灯制作与调试"文件夹下的"九路彩色流水灯.SchDoc"文件。

步骤二：设置图纸。按照如图 2-3-9 所示设置图纸"标准风格""方向""网格"等文档选项。

步骤三：添加文件库文件。按照如图 2-3-10 所示方法添加常用元件库文件和"九路彩色流水灯元件库.intlib"。

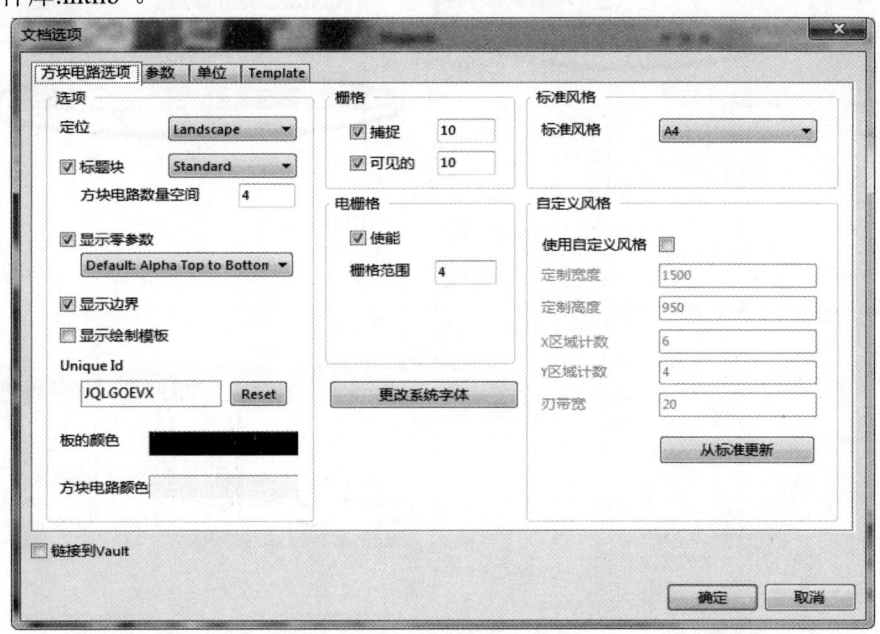

图 2-3-9　设置图纸文档选项

图 2-3-10　添加常用元件库文件

◇◇ 电子产品制作与调试

步骤四：放置电阻器。快速放置 R1、R2……R11 共 11 个电阻器。

步骤五：修改电阻器属性。双击电阻器 R1，根据九路彩色流水灯电路原理图，修改电阻器 R1 的参数值，如图 2-3-11 所示。

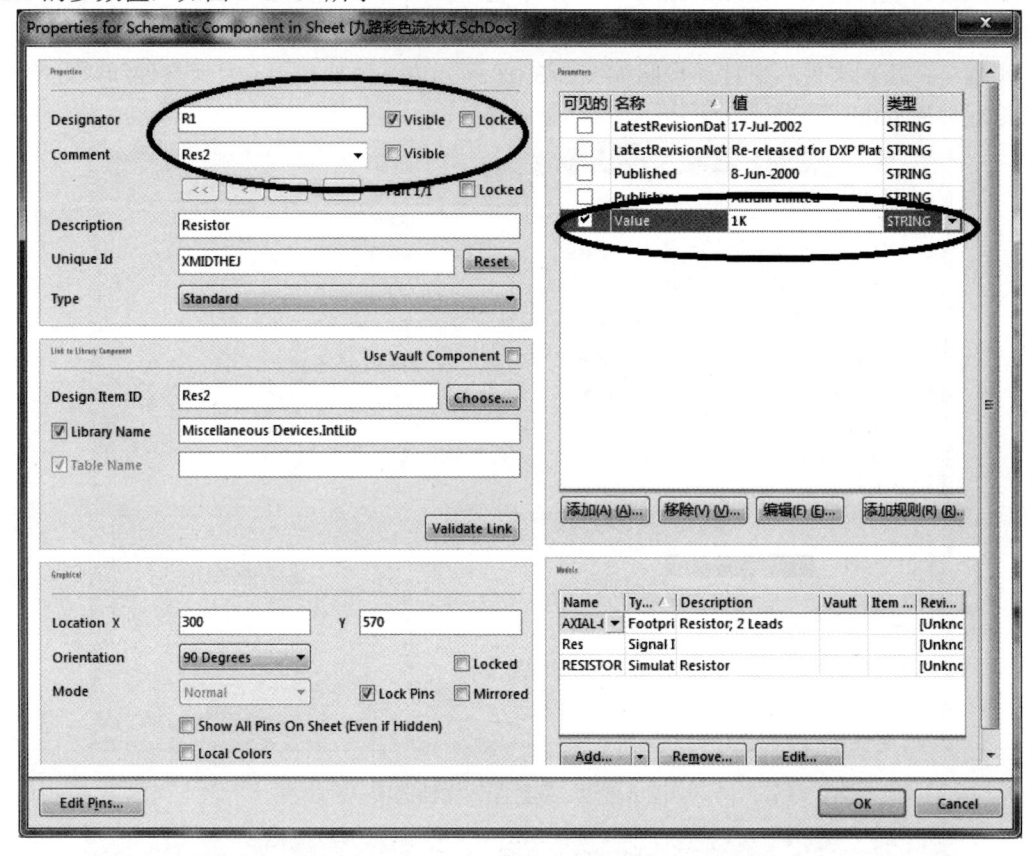

图 2-3-11　元件属性

步骤六：放置电容器、电位器、发光二极管。快速放置电容器 C1、C2、C3、C4，电位器 RP，发光二极管 VD1、VD2……VD9，并按九路彩色流水灯电路原理图设置其参数。如图 2-3-12 所示。

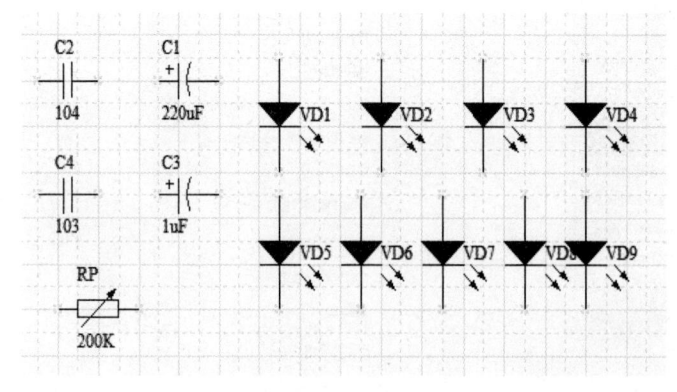

图 2-3-12　放置电容器、电位器、发光二极管

步骤七：放置集成电路芯片等其他原件。放置 NE555 和 CD4017 两个集成电路芯片、电源端口和接地端口等原件。

步骤八：移动原件位置和调整元件。根据九路彩色流水灯电路原理图，调整器件位置和方向。如图 2-3-13 所示。

步骤九：导线连接及导线属性设置。将各元器件用导线连接起来，并对照图 2-3-13 检查原理图有无错误，若无错误，将导线宽度设置为 Medium。

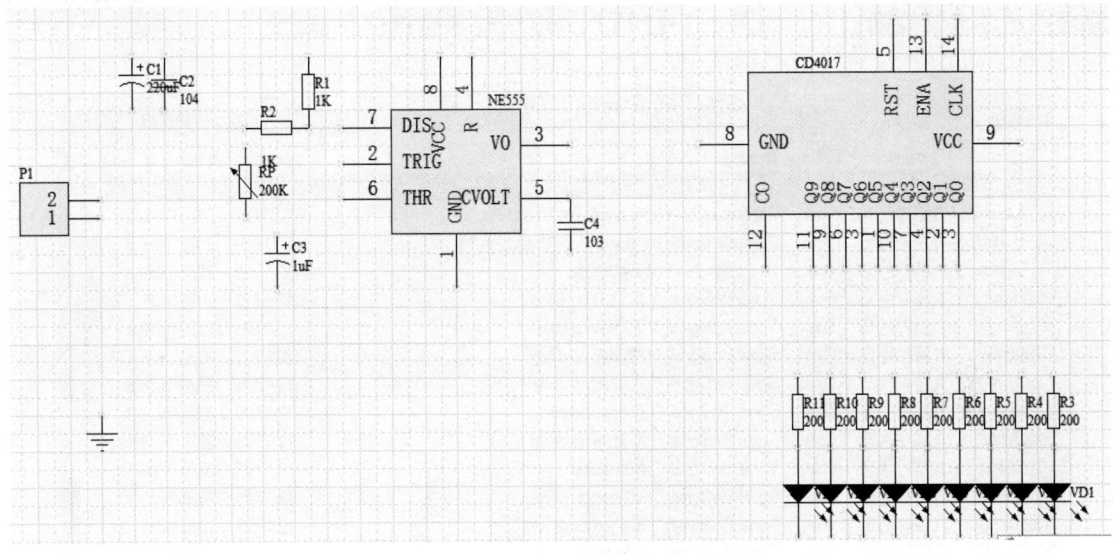

图 2-3-13　移动和调整元件位置

【小提示】

在用 Altium Designer 软件绘制九路彩色流水灯电路原理图前，指导教师需要先新建一个名为"九路彩色流水灯元件库"的元件库文件，并在该元件库文件中新建芯片 NE555、CD4017 两个元件，在本任务中绘制九路彩色流水灯电路原理图时直接调用即可。

修改导线属性。放置导线后双击导线或单击工具栏中的 ≋ （放直导线）按钮后按［Tab］键，即可进入导线属性设置对话框，如图 2-3-14 所示。在该对话框中可对导线颜色、线宽进行设置。

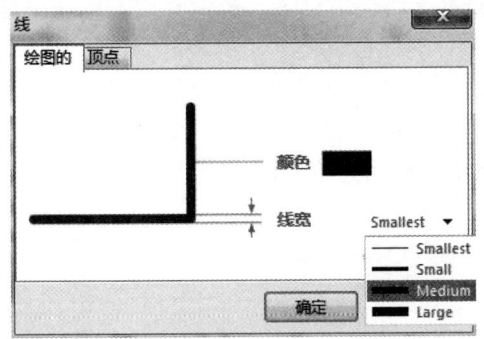

图 2-3-14　导线属性设置对话框

五、九路彩色流水灯电路原理图的电气规则检查

选择菜单栏中的“工程”→“Compile”命令进行电气规则检查，并修改错误，直到电路原理图通过电气规则检查。如图 2-3-15 所示为电气规则检查信息框。

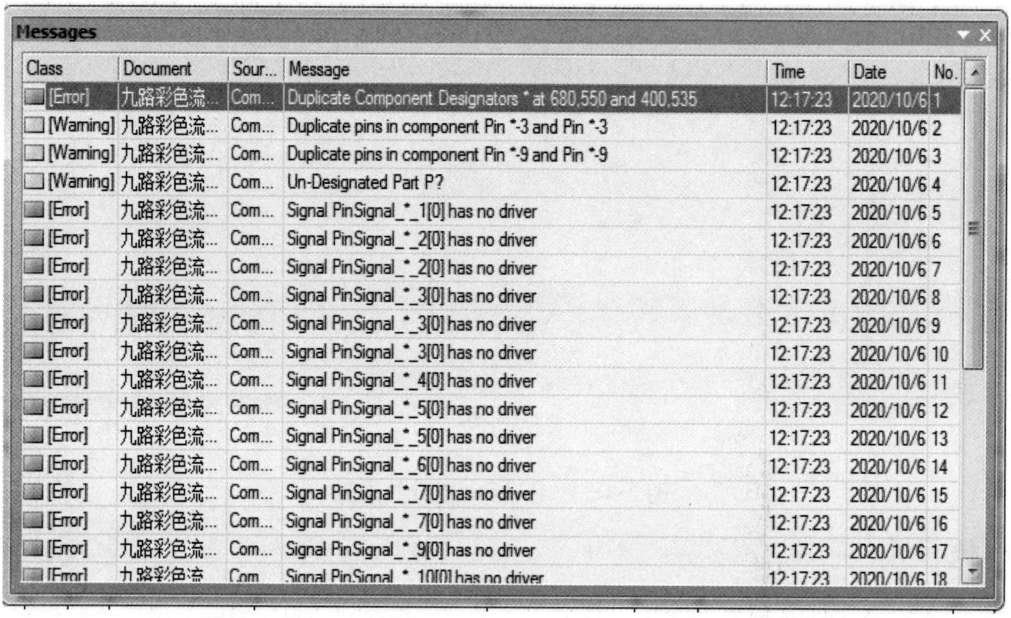

Messages

Class	Document	Sour...	Message	Time	Date	No.
[Error]	九路彩色流...	Com...	Duplicate Component Designators * at 680,550 and 400,535	12:17:23	2020/10/6	1
[Warning]	九路彩色流...	Com...	Duplicate pins in component Pin *-3 and Pin *-3	12:17:23	2020/10/6	2
[Warning]	九路彩色流...	Com...	Duplicate pins in component Pin *-9 and Pin *-9	12:17:23	2020/10/6	3
[Warning]	九路彩色流...	Com...	Un-Designated Part P?	12:17:23	2020/10/6	4
[Error]	九路彩色流...	Com...	Signal PinSignal_*_1[0] has no driver	12:17:23	2020/10/6	5
[Error]	九路彩色流...	Com...	Signal PinSignal_*_2[0] has no driver	12:17:23	2020/10/6	6
[Error]	九路彩色流...	Com...	Signal PinSignal_*_2[0] has no driver	12:17:23	2020/10/6	7
[Error]	九路彩色流...	Com...	Signal PinSignal_*_3[0] has no driver	12:17:23	2020/10/6	8
[Error]	九路彩色流...	Com...	Signal PinSignal_*_3[0] has no driver	12:17:23	2020/10/6	9
[Error]	九路彩色流...	Com...	Signal PinSignal_*_3[0] has no driver	12:17:23	2020/10/6	10
[Error]	九路彩色流...	Com...	Signal PinSignal_*_4[0] has no driver	12:17:23	2020/10/6	11
[Error]	九路彩色流...	Com...	Signal PinSignal_*_5[0] has no driver	12:17:23	2020/10/6	12
[Error]	九路彩色流...	Com...	Signal PinSignal_*_5[0] has no driver	12:17:23	2020/10/6	13
[Error]	九路彩色流...	Com...	Signal PinSignal_*_6[0] has no driver	12:17:23	2020/10/6	14
[Error]	九路彩色流...	Com...	Signal PinSignal_*_7[0] has no driver	12:17:23	2020/10/6	15
[Error]	九路彩色流...	Com...	Signal PinSignal_*_7[0] has no driver	12:17:23	2020/10/6	16
[Error]	九路彩色流...	Com...	Signal PinSignal_*_9[0] has no driver	12:17:23	2020/10/6	17
[Error]	九路彩色流	Com	Signal PinSignal_*_10[0] has no driver	12:17:23	2020/10/6	18

图 2-3-15　电气规则检查信息框

查阅相关资料并思考，电路原理图通过电气规则检查后，信息（Messages）面板中的错误提示应如何进行修改？提示无错误信息时，是否就代表电路原理图的设计完全正确？为什么？

【评价与分析】

根据每个小组成员在本活动学习过程中的表现情况填写“学习任务过程性考核记录表”。

学习活动四 九路彩色流水灯的制作

【活动目标】

1. 能正确认识并领取制作九路彩色流水灯所需的元器件、工具及材料。
2. 能正确识别和核对所领用的元器件、工具及材料。
3. 能检测发光二极管、电位器、NE555定时器、CD4017集成芯片等主要元器件。
4. 能按手工焊接和整机装配工艺要求完成九路彩色流水灯的制作。

【建议学时】

4学时。

【学习过程】

一、领取材料及工具

1. 填写九路彩色流水灯制作套件及工具领用单（表2-4-1），每人领用一组九路彩色流水灯套件，如图2-4-1所示。

表2-4-1 九路彩色流水灯制作套件及工具领用单

任务名称			指导教师	
序号	套件及工具名称	型号及规格	数量	目测外观情况
1				
2				
3				
4				
5				
6				
7				

发放人（签名）：

领用人（签名）：

年　月　日

◇◇ 电子产品制作与调试

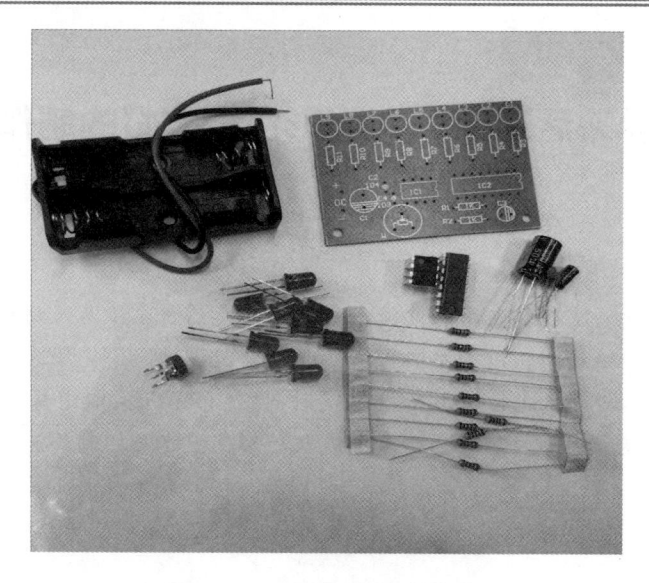

图 2-4-1 九路彩色流水灯套件

2. 识别九路彩色流水灯套件中各电子元器件的名称，分类清点元器件的数量，如图 2-4-1 所示，填写表 2-4-2 所列九路彩色流水灯元器件清单。

表 2-4-2 九路彩色流水灯元器件清单

序号	工位号	图形符号	元器件名称	型号及规格	数量	清点结果
1	C1					
2	C2					
3	C3					
4	C4					
5	DC					
6	IC1					
7	IC2					
8	VD~VD9					
9	R1、R2					
10	R3~R11					
11	RP					
12	-	-	PCB 板			
备注：元器件型号、规格和数量清点无误后，在对应的清点结果栏处打"√"，否则打×						

二、检测元器件

按照电子产品生产工艺要求，在进行元器件装配前首先要检测元器件的功能好坏，并对有质量问题的元器件进行标记。

1. 电阻器的检测

通过色环法识别各电阻器的电阻值,并将读数填写在横线上。

R1:色环颜色_____,读数_____。
R2:色环颜色_____,读数_____。
R3:色环颜色_____,读数_____。

用指针式万用表再次验证各电阻器的电阻值,并将测量值填写在横线上。

R1:色环颜色_____,测量值_____。
R2:色环颜色_____,测量值_____。
R3:色环颜色_____,测量值_____。

【小提示】

指针式万用表调到电阻挡后,每换一次挡位都要进行一次欧姆调零。

图 2-4-2　指针式万用表　　　　　　　　图 2-4-3　数字式万用表

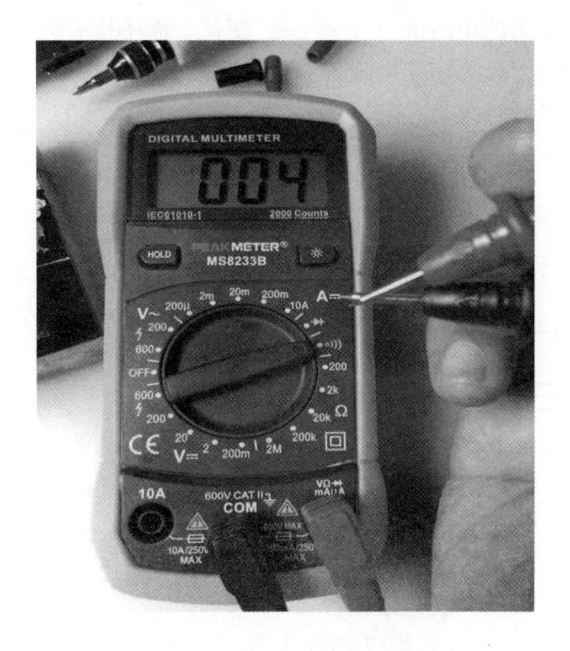

2. 发光二极管的检测

方法一:检测二极管的单向导通特性。用万用表 R×10k 挡测量其正向阻值,黑表笔接二极管_____极,红表笔接二极管_____极;用 R×_____挡测量其反向阻值,黑表笔接二极管_____极,红表笔接二极管_____极。若正向电阻较小,反向电阻较大,则说明该发光二极管是好的,否则是坏的。发光二极管检测结果是_____(A. 好的;

B．坏的）。

方法二：双表法检测发光二极管。两块万用表均置于 R×1 挡，用一根导线将其中一块万用表的"+"接线柱与另一块万用表的"-"接线柱连接。余下的红表笔接被测发光二极管的_____极，余下的黑表笔接被测发光二极管的_____极。若发光，则说明发光二极管是好的；若不发光，两表笔对调后再测，不亮，则说明发光二极管是坏的。发光二极管检测结果是_____（A．好的；B．坏的）。

方法三：用数字式万用表检测发光二极管好坏。将数字式万用表置于_____挡，红表笔接发光二极管正极，黑表笔接发光二极管负极。若发光，则说明发光二极管是好的；若不发光，则说明发光二极管是坏的。发光二极管检测结果是_____（A．好的；B．坏的）。

3．电位器的检测

测量时，万用表电阻挡选择 R×_____挡，将两表笔分别接在电位器两个固定引脚焊片之间，先测量电位器的总阻值是否与标称阻值相同。若测得的阻值为无穷大或较标称阻值大，则说明该电位器已_____，然后将两表笔分别接电位器中心头与两个固定端中的任意一端，慢慢转动电位器手柄，使其从一个极端位置旋转至另一个极端位置，对于正常的电位器，万用表显示的电阻值应从_____连续变化至_____。在整个旋转过程中，万用表显示的电阻值应_____变化，而不应有较大幅度的跳动现象。若在调节电阻值的过程中，万用表显示的电阻值有较大幅度的跳动现象，则说明该电位器存在_____故障。该电位器检测结果是_____（A．好的；B．坏的）。

4．IC 芯片的检测

检测外观、引脚有无损坏。若外观完好，再用替换法在一块已装好且功能正常的九路彩色流水灯电路板上检测 NES55 和 CD4017 芯片功能的好坏。检测结果是，NE555 芯片是_____（A．好的；B．坏的），CD4017 芯片是_____（A．好的；B．坏的）。

三、装配印制电路板

1．根据电子焊接工艺要求，结合本任务，给元器件装配的顺序进行编号。

电阻器（　　）　　　　　　电容器（　　）
NE555 芯片（　　）　　　　三极管（　　）
发光二极管（　　）　　　　电位器（　　）
CD4017 芯片（　　）

2．查阅相关资料，简述焊接工艺过程，列举常见的焊点缺陷以及说明该如何避免。

3．按印制电路板工艺要求完成九路彩色流水灯的装配，给每一个装配步骤拍照并打印粘贴在相应的方框中，写出每一个装配步骤对应的工艺要求。如图 2-4-4 和图 2-4-5 所示为电阻器的插装与焊接示意图。

学习任务二　九路彩色流水灯制作与调试

图 2-4-4　电阻器的插装　　　　　　　　图 2-4-5　电阻器的焊接

步骤1：电阻器的插装与焊接。
工艺要求：紧贴电路板插装并焊接。
步骤2：芯片的插装与焊接。

工艺要求：_____。
步骤3：发光二极管的插装与焊接。
工艺要求：_____。

步骤4：电容器、电位器的插装与焊接。

工艺要求：_____。

步骤5：焊接完成，效果如图2-4-6所示。

图2-4-6　九路彩色流水灯PCB板装配完成效果

【评价与分析】

根据每个小组成员在本活动学习过程中的表现情况填写"学习任务过程性考核记录表"。

学习活动五 九路彩色流水灯的调试与验收

【活动目标】

1. 能正确连接九路彩色流水灯的电源，通电以验证流水循环效果。
2. 能调节电位器，调整流水速度。
3. 能按验收标准完成九路彩色流水灯的验收，并填写九路彩色流水灯交付清单。
4. 能按生产现场管理 6S 标准对生产现场进行管理。

【建议学时】

4 学时。

【学习过程】

一、电路板检测与调试

1. 通电检测。自检合格后，连接电源，通电并调节电位器 RP，观察发光现象，如图 2-5-1 所示。

图 2-5-1 九路彩色流水灯通电测试

2. 假如制作的九路彩色流水灯没有产生循环流水现象，试分析故障原因，简单描述排除故障的步骤及方法。

3. 九路彩色流水灯初步通电测试合格后，调节电位器 RP，观察 LED 发光现象，试分析流水灯流水现象和电路特性的关系，并将表 2-5-1 中的空白处补充完整。

表 2-5-1　九路彩色流水灯电路调试分析表

序号	调试项目	流水灯流水现象及电路特性分析
1	电位器接入电路的电阻增大	流水速度（A. 加快　B. 减慢）
2	电位器突然开路	电路中 9 个 LED （A. 都亮　　B. 只有 1 个亮　　C. 都不亮）
3	电容 C3 容值增大	IC1（NE555）3 脚输出波形的频率，会_____ （A. 变大　　B. 变小　　C. 不变）
4	断开 R1	IC1（NE555）3 脚输出波形的频率，会_____ （A. 变大　　B. 变小　　C. 不变）
5	电位器调到一定位置，可以看到 9 个 LED 全亮	其根本原因是：

二、交付验收

1. 产品完成调试合格后，应打电话给客户预约产品交付验收时间和地点，在这个过程中，你该如何与客户进行沟通？

2. 九路彩色流水灯的交付与验收。
（1）按表 2-5-2 所示九路彩色流水灯验收标准进行验收并评分。

表 2-5-2　九路彩色流水灯验收评分表

序号	验收项目	验收标准	配分（分）	客户评分	备注
1	元器件安装	符合 PCB 板元器件工位要求，布局合理，电阻器的色序与字向一致，二极管、电容器、三极管无极性错误，IC 芯片、电位器安装无方向错误，无少装现象。不合格，每处扣 1 分	20		

续表

序号	验收项目	验收标准	配分（分）	客户评分	备注
2	元器件焊接	焊点圆润、光滑，焊接时间恰当，成形好，无毛刺、无拉尖、无虚焊、漏焊以及损坏元器件和焊盘现象。不合格，每处扣1分	20		
3	整机装配质量	电池盒与导线、导线与电路板连接正确，无极性错误，绝缘处理良好，各部分配合良好，外观整洁、美观。不合格，每处扣2分	20		
4	整机功能测试	打开电源开关，流水灯发光二极管发光正常，能实现九路彩色流水灯功能要求。不合格，每处扣5分	20		
5	九路彩色流水灯调试	能正确使用仪器仪表测试电路中关键点的电气参数，能排除简单故障并分享解决问题的经验，九路彩色流水灯能依次发光并能控制流水速度。不合格，每处扣5分	20		
客户对九路彩色流水灯的验收评价成绩					

（2）记录验收过程中存在的问题，小组讨论解决问题的方法，并填入表2-5-3中。

表2-5-3 验收过程问题记录表

序号	验收中存在的问题	改进和完善措施	完成时间	备注
1				
2				
3				
4				

（3）九路彩色流水灯验收结束后，整理材料和工具，归还领用物品，并填写九路彩色流水灯交付清单，见表2-5-4。

表2-5-4 九路彩色流水灯交付清单

任务名称				接单日期	
工作地点				交付日期	
三方评价结果（百分制）	自我评价	小组评价	客户评价	验收结论（百分制）	

续表

材料及工具归还清单			
序号	材料及工具名称	型号及规格	数量	备注
1				
2				
3				
4				
5				
6				
7				
8				
客户或负责人（签名）　　　　年　月　日		团队负责人（签字）　　　　年　月　日	

三、整理工作现场

按生产现场管理 6S 标准整理工作现场，清除作业垃圾，关闭现场电源，经指导教师检查合格后方可离开工作现场。

【评价与分析】

根据每个小组成员在本活动学习过程中的表现情况填写"学习任务过程性考核记录表"。

学习活动六　工作总结与评价

【活动目标】

1. 能按分组情况选派代表展示本组工作成果，并进行自评和互评。
2. 能结合任务完成情况，正确规范地撰写工作总结（心得体会）。
3. 能对本任务中出现的问题进行分析，并提出改进措施和办法。

【建议学时】

2 学时。

【学习过程】

一、成果展示

1. 根据客户的要求，完成九路彩色流水灯的安装与调试，并展现出来。为客户设计一段广告语，宣传产品的优势和特点。设计内容见表 2-6-1。

表 2-6-1　九路彩色流水灯广告设计方案

一、广告标题	
二、广告内容	
三、产品的优势和特点	
其他:	

2. 以小组为单位，可以选择演示文稿、展板、海报、视频等形式中的一种或几种，向全班同学展示、汇报制作成果。在展示的过程中，以小组为单位进行评价，评价完成后，根据其他小组成员对本组展示成果的评价意见进行归纳总结。

二、教师评价

认真听取教师对本小组展示成果优缺点以及在任务完成过程中出现的亮点和不足的评价意见，并做好记录。

1. 教师对本小组展示成果优点的点评。
2. 教师对本小组展示成果缺点以及改进方法的点评。
3. 教师对本小组在整个任务完成过程中出现的亮点和不足的点评。

三、工作过程回顾及总结

1. 总结完成九路彩色流水灯制作与调试任务过程中遇到的问题和困难，列举 2~3 点你认为比较值得和其他同学分享的工作经验。
2. 回顾本学习任务的工作过程，对新学专业知识和技能进行归纳和整理，写一篇字数不少于 800 字的工作总结。

四、宣传栏四周流水灯的布置

小组之间讨论,如何利用制作好的 40 盏九路彩色流水灯来布置新产品宣传栏,制定本小组的布置施工方案,并在组间评价决策出最佳工作方案。

【评价与分析】

按照客观、公正和公平原则,在教师的指导下按自我评价、小组评价和教师评价三种方式对自己或他人在本学习任务中的表现进行综合评价。综合等级按 A（90~100）、B（75~89）、C（60~74）、D（0~59）四个级别进行填写,见表 2-6-2。

表 2-6-2 学习任务综合评价表

考核项目	评价内容	配分（分）	自我评价	小组评价	教师评价
职业素养	劳动保护用品穿戴完备,仪容仪表符合工作要求	5			
	安全意识、责任意识、服从意识强	6			
	积极参加教学活动,按时完成各项学习任务	6			
	团队合作意识强,善于与人交流和沟通	6			
	自觉遵守劳动纪律,尊敬师长,团结同学	6			
	爱护公物,节约材料,管理现场符合 6S 标准	6			
专业能力	专业知识扎实,有较强的自学能力	10			
	操作积极,训练刻苦,具有一定的动手能力	15			
	技能操作规范,注重安装工艺,工作效率高	10			
工作成果	产品制作符合工艺规范,产品功能满足要求	20			
	工作总结符合要求,产品制作质量高	10			
	总分	100			
总评	自我评价×20%+小组评价×20%+教师评价×60% =	综合等级	教师（签名）:		

学习任务三　声光控延时开关制作与调试

【任务目标】

1. 能根据工作情境描述，明确工作任务，并填写声光控延时开关制作与调试工作单。
2. 能识别电源开关的常见类型，并正确描述其组成结构及主要用途。
3. 能根据任务需要，合理制订制作与调试声光控延时开关的工作计划。
4. 能识读声光控延时开关电路原理图，列出所需元器件清单，并制定制作与调试声光控延时开关的工作方案。
5. 能用 Altium Designer 绘图软件绘制声光控延时开关电路原理图。
6. 能根据任务需要准备装配工具和仪表，领用、核对所需元器件，识别并检测光敏电阻器、单向可控硅、CD4011 芯片等元器件。
7. 能按照 PCB 图和工艺文件要求、电子作业安全规范完成声光控延时开关印制电路板的装配。
8. 能按照安全操作规程，将声光控延时开关接入实际电路中并通电测试以验证其功能。
9. 能用万用表逐级测试声光控延时开关电路各关键点的电压值，观察是否符合声光控延时开关电路性能参数。
10. 能按声光控延时开关的验收标准，完成声光控延时开关的验收工作，并对其制作过程进行总结、评价和成果展示。
11. 能按生产现场管理 6S 标准，清理现场垃圾并整理现场。

【建议学时】

36 学时。

【工作情境描述】

为了节能环保和使用方便，学院准备将学生宿舍楼道的按键开关改成声光控延时开关。现委托电子班同学利用 6 个工作日，在电子产品制作车间每人独立制作一个声光控延时开关，如图 3-0-1 所示，并完成楼道开关改造施工任务。具体要求：只有当学生夜间走过楼梯通道有脚步声或其他声音时，楼道灯才会自动点亮，以满足照明需求；当学生进入寝室或离开宿舍楼后，楼道灯延时几分钟便会自动熄灭；而白天，即使有学生经过并发出声音，楼道灯也不会亮。提供的物料有：SCK10 型声光控延时开关套件每人一套，焊锡丝、锡膏等辅助材料若干。

◇◇ 电子产品制作与调试

图 3-0-1　声光控延时开关

【工作流程与活动】

1. 明确工作任务，认知声光控延时开关（4学时）。
2. 识读声光控延时开关电路原理图，制定工作方案（4学时）。
3. 绘制声光控延时开关电路原理图（12学时）。
4. 声光控延时开关的制作（8学时）。
5. 声光控延时开关的调试与验收（4学时）。
6. 工作总结与评价（4学时）。

学习活动一　明确工作任务，认知声光控延时开关

【活动目标】

1. 能根据工作情境描述，正确填写工作单。
2. 能利用图片或视频等方式展示不同电源开关的外观样式。
3. 能识别电源开关的常见类型，并能描述其规格、基本结构及主要用途。
4. 能说出声音、照度的物理计量单位及其各自的换算关系。
5. 能根据任务要求，制订声光控延时开关制作与调试工作计划。

【建议学时】

4学时。

【学习过程】

一、填写工作单

阅读工作情境描述及相关资料，根据实际情况填写表3-1-1所列工作单。

表 3-1-1 声光控延时开关制作与调试工作单

任务名称			接单日期	
工作地点			任务周期	
工作内容				
提供物料				
产品要求				
客户姓名		联系电话		验收日期	
团队负责人姓名		联系电话		团队名称	
备注				

二、认知电源开关

电源开关是利用按键或其他电子元件实现电路接通或断开的运行单元。普通的电源开关内部通常有两个金属触点，当两个触点接触时使电路形成回路，两个触点不接触时使电路形成开路，如图 3-1-1 所示。查阅相关资料，完成下列任务。

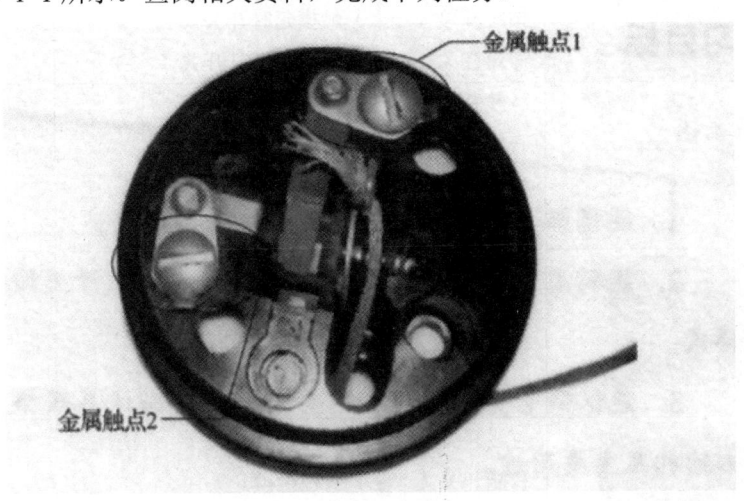

图 3-1-1 电源开关内部触点

1．结合学习和生活实际，列举出几个常见的电源开关名称，利用图片或视频等方式展示其外观样式，并简述其主要用途。

2．开关按照不同的分类方式可以分成多种类型，试述按用途、结构、接触类型和按键数等方式分类，开关分别可以分为哪些类型。

（1）按用途分，有_____。

（2）按结构分，有_____。

（3）按接触类型分，有_____。

（4）按按键数分，有_____。

3．仔细观察表 3-1-2 中各开关图片，在与实物图对应的开关名称后面的括号中打"√"，并简述各自的主要特点。

表 3-1-2 常见开关名称及主要特点

序号	开关实物图	开关名称	主要特点
1		拉线开关（　）声控延时开关（　） 智能开关（　）遥控触摸开关（　） 按键开关（　）触摸延时开关（　） 插座开关（　）声光控延时开关（　）	
2		拉线开关（　）声控延时开关（　） 智能开关（　）遥控触摸开关（　） 按键开关（　）触摸延时开关（　） 插座开关（　）声光控延时开关（　）	
3		拉线开关（　）声控延时开关（　） 智能开关（　）遥控触摸开关（　） 按键开关（　）触摸延时开关（　） 插座开关（　）声光控延时开关（　）	
4		拉线开关（　）声控延时开关（　） 智能开关（　）遥控触摸开关（　） 按键开关（　）触摸延时开关（　） 插座开关（　）声光控延时开关（　）	
5		拉线开关（　）声控延时开关（　） 智能开关（　）遥控触摸开关（　） 按键开关（　）触摸延时开关（　） 插座开关（　）声光控延时开关（　）	
6		拉线开关（　）声控延时开关（　） 智能开关（　）遥控触摸开关（　） 按键开关（　）触摸延时开关（　） 插座开关（　）声光控延时开关（　）	
7		拉线开关（　）声控延时开关（　） 智能开关（　）遥控触摸开关（　） 按键开关（　）触摸延时开关（　） 插座开关（　）声光控延时开关（　）	

续表

序号	开关实物图	开关名称	主要特点
8		拉线开关（　　）声控延时开关（　　） 智能开关（　　）遥控触摸开关（　　） 按键开关（　　）触摸延时开关（　　） 插座开关（　　）声光控延时开关（　　）	

4．上述开关中有几种属于电子开关。所谓电子开关，是指利用电力电子器件实现电路接通或断开的运行单元，至少包括一个可控的电子阀器件。大多数电子开关都具有延时和使用方便的特点，如声控延时开关、光控延时开关、触摸延时开关、声光控延时开关等。那么，应如何使电子开关具有延时功能呢？

5．在选择开关时，需要考虑的主要参数有额定电压、额定电流、绝缘电阻、接触电阻、耐压和使用寿命等，试述这几个参数的含义和选用参数值。

6．声光控延时开关主要是利用声音、光线的强弱，通过电子元件将其转换成电信号来控制电路的接通和断开。那么，衡量声音强弱（音量）和高低（音调）的物理量是什么？其单位各是什么？人耳听觉的范围是多少赫兹？衡量光线强弱的物理量是什么？其单位是什么？

7．如图 3-1-2 所示为声光控延时开关的组成结构，查阅相关资料，在空白方框中分别写出各部分的名称和功能。

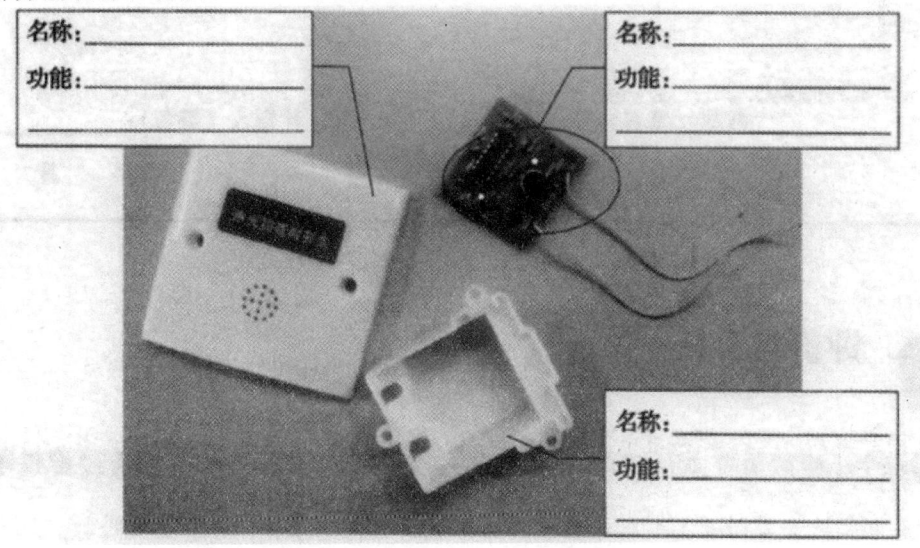

图 3-1-2　声光控延时开关组成结构

三、制订工作计划

查阅相关资料，了解电子产品制作与调试的基本步骤，根据任务要求，制订本小组的工作计划，并填入表 3-1-3 中。

表 3-1-3 声光控延时开关制作与调试工作计划表

团队名称		团队编号		任务名称		任务起止日期	
步骤	计划名称	工作内容			预计施工日期	预计工时	备注
1							
2							
3							
4							
5							
6							
教师审核意见： 教师（签名）： 制订计划人（签名）： 年 月 日							

【评价与分析】

根据每个小组成员在本活动学习过程中的表现情况填写"学习任务过程性考核记录表"。

学习活动二　识读声光控延时开关电路原理图，制定工作方案

【活动目标】

1. 能识读声光控延时开关电路原理图，列出制作声光控延时开关所需的主要元器件清单。
2. 能描述单向可控硅、光敏电阻器、驻极体话筒的类型、结构和应用，以及 CD4011 芯片的引脚功能及工作原理。
3. 能分析声光控延时开关电路原理图，画出电路方框图，并简述其工作过程。
4. 能通过网络对声光控延时开关询价，并进行模拟采购。

5．能根据任务要求，制定、展示和决策最佳施工方案。

【建议学时】

4学时。

【学习过程】

一、识读声光控延时开关电路原理图

1．识读如图 3-2-1 所示声光控延时开关电路原理图，列出制作声光控延时开关所需的元器件，并填入表 3-2-1 中。

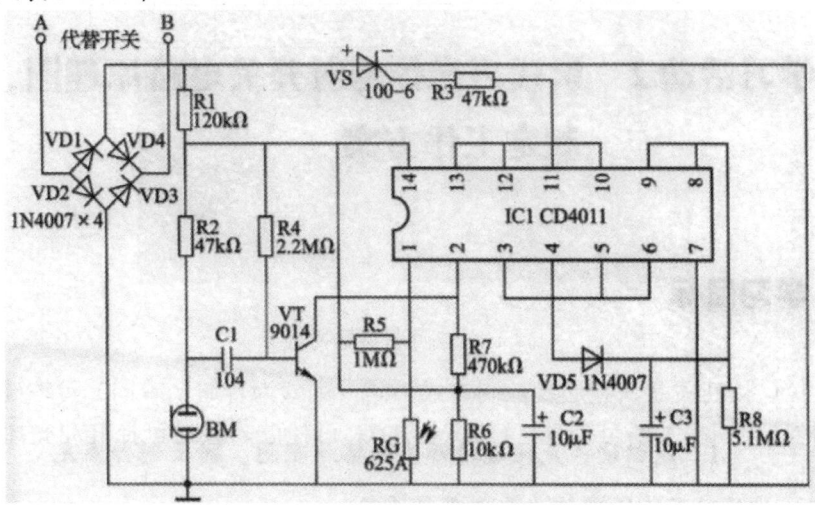

图 3-2-1　声光控延时开关电路原理图

表 3-2-1　声光控延时开关元器件清单

序号	元器件名称	文字符号	型号及规格	数量	备注
1					
2					
3					
4					
5					
6					
7					
8					
9					
10					
11					

续表

序号	元器件名称	文字符号	型号及规格	数量	备注
12					
13					
14					
15					

2．可控硅是可控硅整流元件的简称，是一种具有三个 PN 结的四层结构的大功率半导体器件，也称为晶闸管，简写为 SCR。可控硅具有体积小、结构相对简单、功能强等特点，是比较常用的半导体器件之一，其实物图如图 3-2-2 所示。查阅可控硅相关资料，完成下列任务。

图 3-2-2　可控硅实物图

（1）可控硅按其关断、导通及控制方式不同，可分为普通（单向）可控硅、双向可控硅、逆导可控硅、门极关断可控硅（GTO）、BTG 可控硅、温控可控硅和光控可控硅等多种。试述可控硅的其他分类方式和名称。

（2）单向可控硅和双向可控硅的内部结构和符号分别如图 3-2-3 和图 3-2-4 所示。

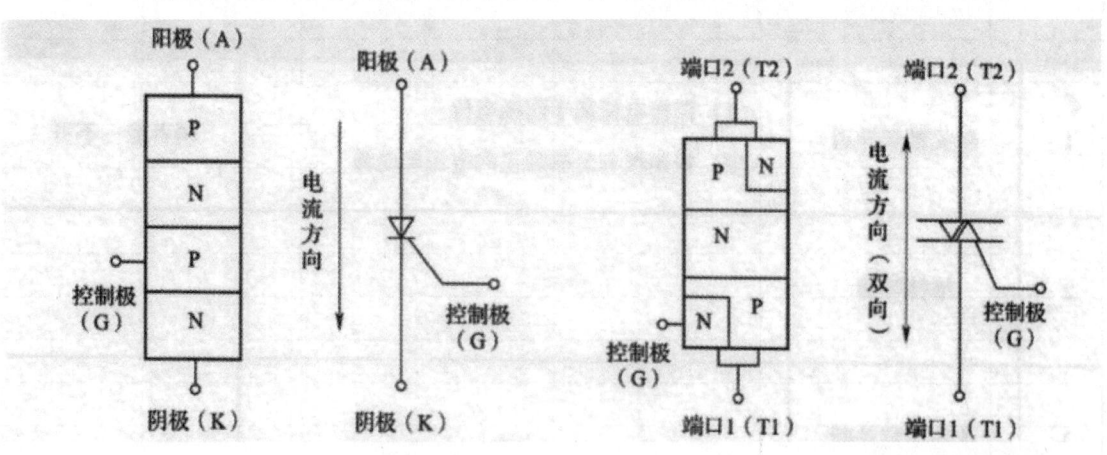

图 3-2-3　单向可控硅内部结构和符号　　图 3-2-4　双向可控硅内部结构和符号

由图 3-2-3 可以看出，普通可控硅是由四层半导体材料组成的，有三个 PN 结，对外有三个电极：第一层 P 型半导体引出的电极叫阳极 A，第三层 P 型半导体引出的电极叫控制极 G，第四层 N 型半导体引出的电极叫阴极 K。如图 3-2-5 所示，当 MCR100-6 型可控硅的平面正对自己时，如何判断可控硅 1、2、3 引脚的极性？图 3-2-5 中的引脚名称各是什么？

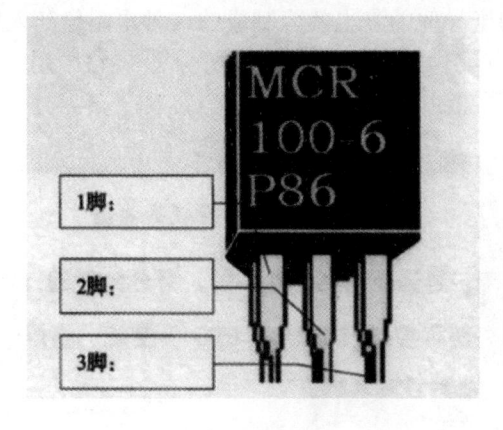

图 3-2-5　单向可控硅的极性

（3）声光控延时开关中的单向可控硅主要用于控制电路的接通和断开，查阅相关资料，将表 3-2-2 中单向可控硅的导通和关断条件补充完整。

表 3-2-2　单向可控硅的导通和关断条件

序号	状态	条件	说明
1	从关断到导通	（1）阳极电位高于阴极电位 （2）控制极有足够的正向电压和电流	两者缺一不可
2	维持导通		
3	从导通到关断		

（4）可控硅在各种电子产品和家用电器产品中有哪些主要用途？

（5）常用可控硅有哪些封装形式？如何识别和检测可控硅？

3．光敏电阻器是利用半导体的光电效应制成的一种电阻值随入射光的强弱而改变的电阻器，又称为光电探测器，其实物图如图 3-2-6 所示。在电路中用字母"R"或"RL""RG"表示，其文字和图形符号如图 3-2-7 所示。

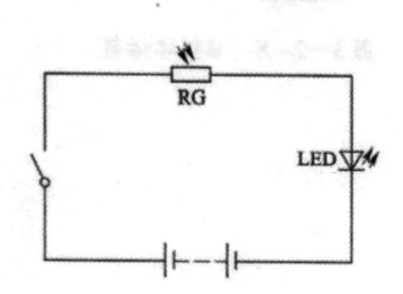

图 3-2-6　光敏电阻器实物图　　　　图 3-2-7　光敏电阻器实验电路

用万用表测试光敏电阻器在不同光照下的电阻值，观察万用表指针的变化情况，并简述光敏电阻器的工作特性、常见类型和主要用途。

4．驻极体话筒也称为驻极体传声器，它是利用驻极体材料制成的一种特殊电容式声-电转换器件，如图 3-2-8 所示。其主要特点是体积小、结构简单、频响宽、灵敏度高、耐振动、价格便宜。在各种传声、声控和通信设备（如无线话筒、盒式录音机、声控电灯开关、电话机、手机、多媒体计算机等）中应用非常普遍。查阅相关资料，完成下列任务。

（1）结合图 3-2-9，简述驻极体话筒的常见类型。

图 3-2-8　驻极体话筒　　　　图 3-2-9　驻极体话筒类型

(2) 将图 3-2-10 中驻极体话筒的内部结构和内部电路图补充完整。

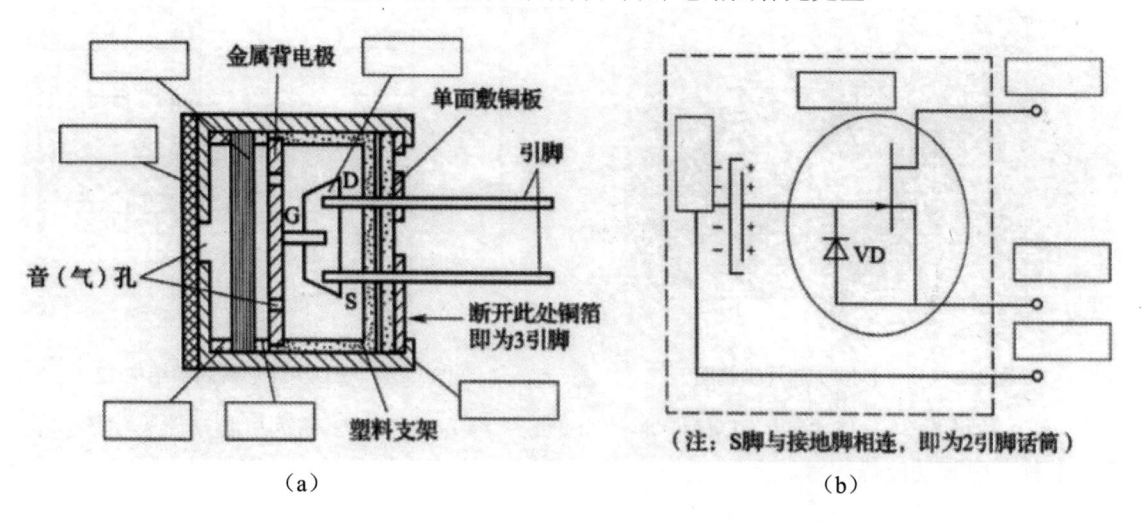

图 3-2-10 驻极体话筒的内部结构和内部电路图

(a) 内部结构　(b) 内部电路图

(3) 如图 3-2-11 和图 3-2-12 所示为用万用表检测两端式驻极体话筒极性、好坏和灵敏度的示意图，试分别简述判断驻极体话筒极性、好坏和灵敏度的方法。

a. 判断驻极体话筒极性与好坏的方法：

b. 判断驻极体话筒灵敏度的方法：

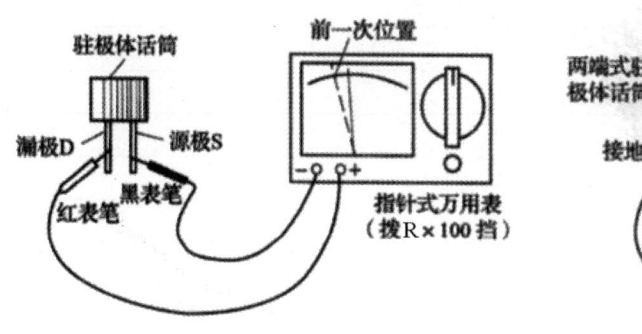

图 3-2-11 判断驻极体话筒极性与好坏 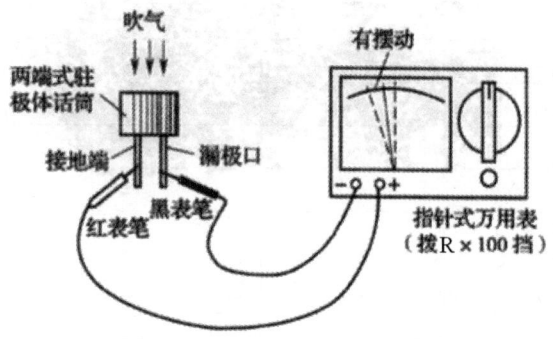　　图 3-2-12 判断驻极体话筒灵敏度

5. CD4011 芯片是一个包含 4 个与非门的 CMOS 电路，外观如图 3-2-13 所示，内部结构如图 3-2-14 所示。查阅 CD4011 芯片资料，完成下列任务。

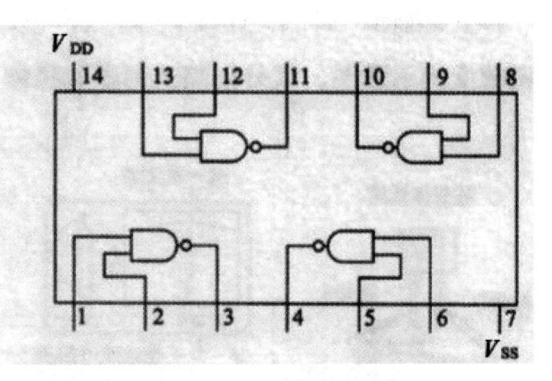

图 3-2-13　CD4011 芯片实物图　　　　　图 3-2-14　CD4011 芯片内部结构图

（1）对照图 3-2-15 所示 CD4011 芯片引脚图，补齐表 3-2-3 所列引脚功能表中缺少的引脚名称、引脚功能描述等。

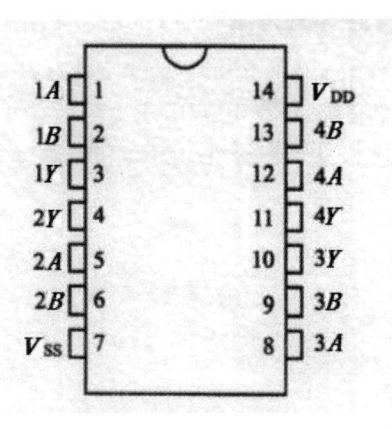

图 3-2-15　CD4011 芯片引脚图

表 3-2-3　CD4011 引脚功能表

序号	引脚名称	引脚功能描述	序号	引脚名称	引脚功能描述
1			9		
2			10		
3			11		
4			12		
5			13		
6			14		
7			15		
8			16		

（2）与非门的逻辑表达式为：

$$Y = A \cdot B$$

试根据与非门的逻辑关系，填写真值表 3-2-4。

表 3-2-4　与非门真值表

A	B	Y	动作
0	0		
0	1		
1	0		
1	1		

（3）简述 CD4011 芯片在声光控延时开关电路中的作用及工作原理。

6．分析如图 3-2-16 所示声光控延时开关电路原理图，查阅相关资料，完成下列任务。

（1）认真识读电路原理图，将各模块电路的名称填写在对应的空白方框中。

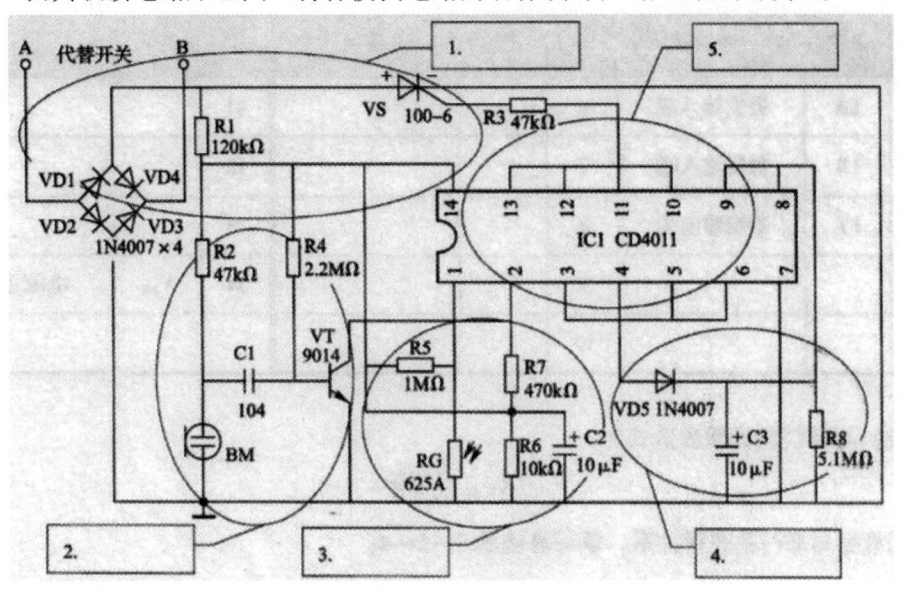

图 3-2-16　声光控延时开关电路原理图

（2）将构成各模块电路的主要元器件填写在表 3-2-5 中，并描述指定元件的功能。

表 3-2-5　声光控延时开关各模块电路的组成及指定元件的功能

序号	模块电路名称	主要元器件	指定元件	功能描述
1		电源电路		VS
2				BM、VT
3				RG、C2
4				C3
5		触发电路		CD4011

（3）简述声光控延时开关电路的工作过程，并完善如图 3-2-17 所示电路方框图。

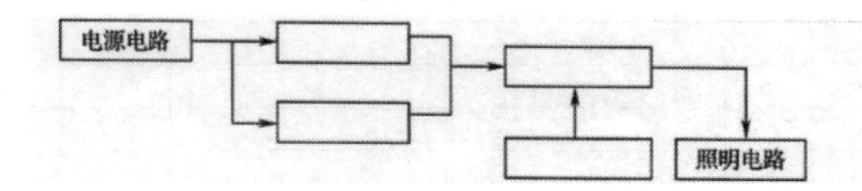

图 3-2-17　声光控延时开关电路方框图

二、声光控延时开关网上询价并进行模拟采购

1. 在 http://www.taobao.com 上对声光控延时开关进行询价，并完成下列内容。
  （1）该网站声光控延时开关最低价格是_____元，其品牌是_____，型号_____，规格为_____，主要技术参数为_____。
  （2）该网站声光控延时开关最高价格是_____元，其品牌是_____，型号_____，规格为_____，主要技术参数为_____。
  （3）通过询价，你认为性价比最高，并且有意愿购买的声光控延时开关的品牌是_____，型号规格为_____，主要技术参数为_____，价格是_____元。
2. 根据询价结果，若要在网上进行该产品的模拟采购，则网购流程应是怎样的？

三、制定声光控延时开关制作与调试方案

根据本组成员的不同特点进行合理分工，制定本小组制作与调试声光控延时开关的工作方案，展示并决策出最佳工作方案，填入表 3-2-6 中。

表 3-2-6 声光控延时开关制作与调试方案

任务名称		任务起止日期		方案制定日期			
序号	实施步骤	工作内容		所需资料、材料及工具	负责人	参与人员	
1							
2							
3							
4							
5							
6							

教师审核意见：

教师（签名）：_____   决策人（签名）：_____

　　　　　　　　　　　　　　　　　　　　　　　　　年　月　日

【评价与分析】

根据每个小组成员在本活动学习过程中的表现情况填写"学习任务过程性考核记录表"。

学习活动三　绘制声光控延时开关电路原理图

【活动目标】

1. 能创建 Altium Designer 原理图元件库。
2. 能用 Altium Designer 绘图工具绘制特殊元件并保存在自建库文件中。
3. 能从 Altium Designer 自建原理图元件库中调用自建的特殊元件。
4. 能用 Altium Designer 绘制声光控延时开关电路原理图，并进行电气规则检查。
5. 能由声光控延时开关电路原理图生成网络表和元件列表，并打印原理图。

【建议学时】

12 学时。

【学习过程】

一、新建原理图库文件和元件

1. 查阅相关资料，描述应如何在指定位置新建原理图库文件，并在"E:\声光控延时开

◇◇ 电子产品制作与调试

关制作与调试"文件夹下新建一个"声光控延时开关电路原理图.SchDoc"文件和一个"声光控延时开关元件库.SchLib"文件,如图 3-3-1 所示。

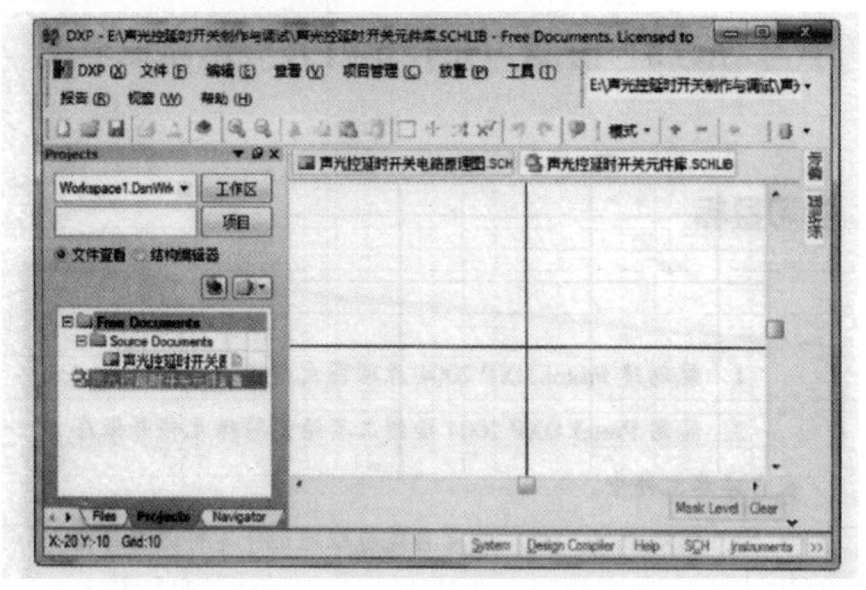

图 3-3-1　新建原理图文件和原理图库文件

2．按如下步骤提示,在"声光控延时开关元件库.SchLib"文件中新建一个 CD4011 芯片元件。

（1）在菜单栏中选择"工具"→"新元件"命令,如图 3-3-2 所示,并将该元件命名为"CD4011",如图 3-3-3 所示。

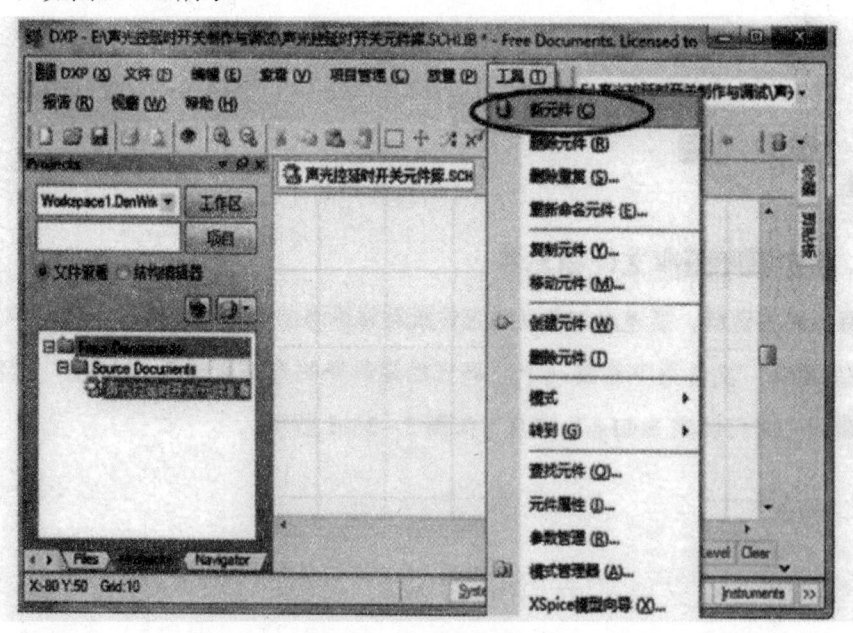

图 3-3-2　建立新元件

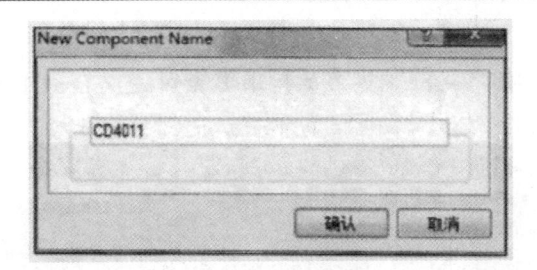

图 3-3-3　命名新元件

（2）以绘图区双实线交点为中心，用"放置"菜单栏中的"直线"工具绘制 CD4011 外框线，如图 3-3-4 所示，并简述绘制小圆弧的方法。

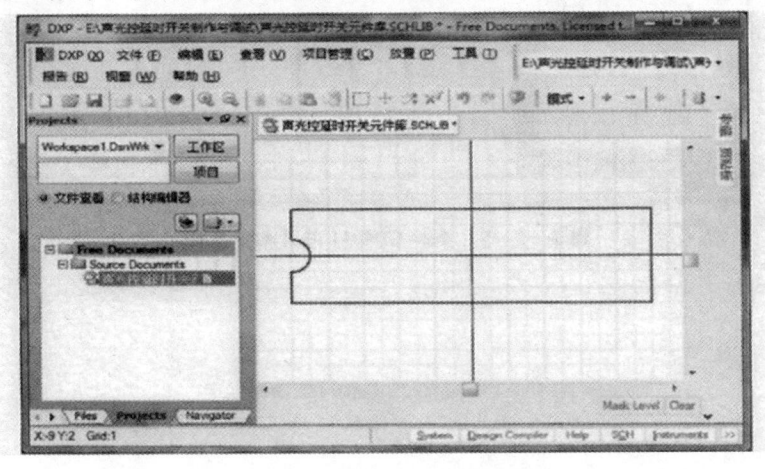

图 3-3-4　绘制 CD4011 外框线

（3）用"放置"菜单栏中的"引脚"工具添加 CD4011 芯片的各引脚，如图 3-3-5 所示，并简述修改引脚长度和方向的操作方法和注意事项。

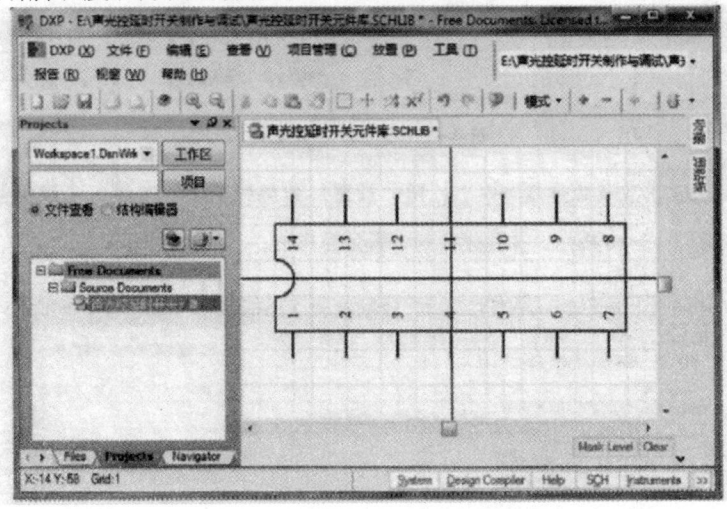

图 3-3-5　添加 CD4011 芯片的各引脚

（4）用"放置"菜单栏中的"文字字符串"工具在 CD4011 芯片内部中间位置添加"CD4011"文字符号，如图 3-3-6 所示。绘制完成后保存元件，并简述修改文字字体和大小的操作方法。

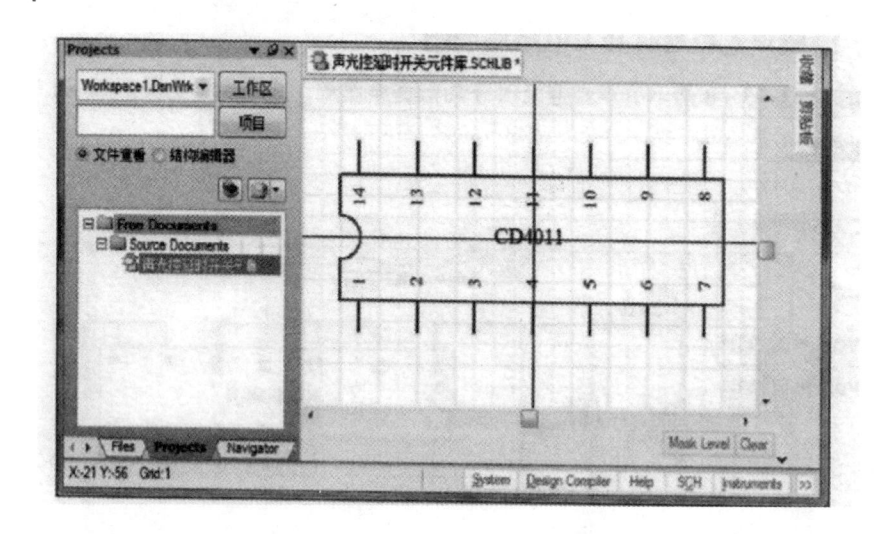

图 3-3-6　添加"CD4011"文字符号

3．按照同样的方法在"声光控延时开关元件库.SchLib"文件中新建并绘制驻极体话筒、光敏电阻器和单向可控硅 3 个元件，如图 3-3-7 所示。

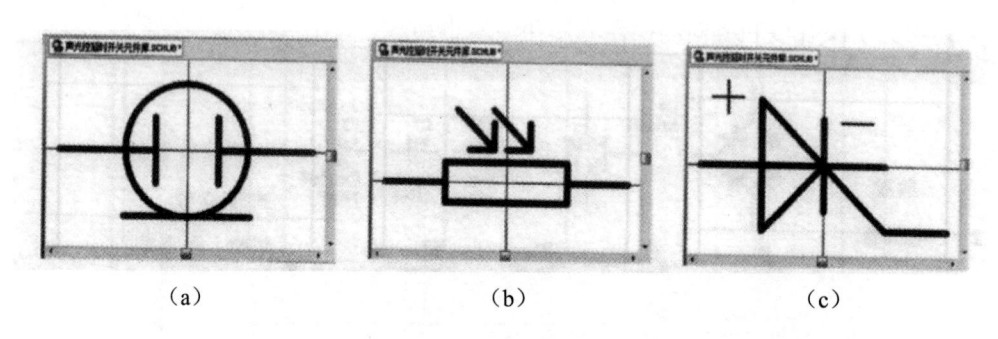

（a）　　　　　　　　　　（b）　　　　　　　　　　（c）

图 3-3-7　绘制其余 3 个元件

（a）驻极体话筒　（b）光敏电阻器　（c）单向可控硅

二、绘制声光控延时开关电路原理图

绘制如图 3-3-8 所示的声光控延时开关电路原理图，并按步骤将表 3-3-1 中的操作要点补充完整。

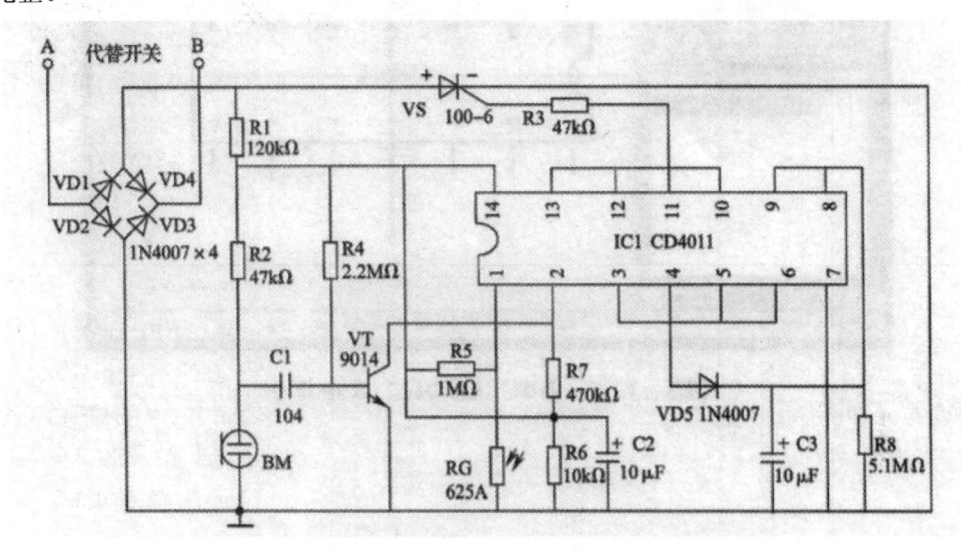

图 3-3-8　声光控延时开关电路原理图

表 3-3-1　绘制声光控延时开关电路原理图

序号	操作步骤	操作示意图	操作内容	操作要点
1	打开原理图		打开"E:\声光控延时开关制作与调试"文件夹下的"声光控延时开关电路原理图.SchDoc"文件	
2	放置电阻等元件		快速放置桥式整流管、极管、电容器、电阻器等元件	

续表

序号	操作步骤	操作示意图	操作内容	操作要点
3	修改电阻元件等的属性		依次修改桥式整流管、三极管、电容器、电阻器、二极管等元件的属性	
4	添加元件库文件		添加"E:\声光控延时开关制作与调试"文件夹下的"声光控延时开关元件库.SchLib"文件	
5	放置CD4011		在"声光控延时开关元件库.SchLib"文件中找到CD4011自制元件,并放置到"声光控延时开关电路原理图.SchDoc"文件中	
6	放置其余自制文件		在"声光控延时开关电路原理图.SchDoc"文件中放置驻极体话筒、光敏电阻器和单向可控硅3个自制元件	

续表

序号	操作步骤	操作示意图	操作内容	操作要点
7	修改其余自制文件的属性		修改 CD4011，驻极体话筒、光敏电阻器和单向可控硅 4 个自制元件的属性	
8	调整元件位置和方向		按照声光控延时开关电路原理图中的元件布局，调整绘图区域中各元件的方向和位置	
9	导线连接及导线属性设置		将各元器件用导线连接起来，并对照图 3-3-8 检查原理图有无错误。若无错误，将导线宽度设置为 Medium	

三、检查声光控延时开关电路并打印原理图

1. 电气规则检查

选择菜单栏中的"项目管理"→"Compile Document"命令,对声光控延时开关电路进行电气规则检查,并修改电路图中的错误,直到通过电气规则检查为止,如图 3-3-9 所示。若错误信息报告被关闭,应如何再次调出错误信息报告?

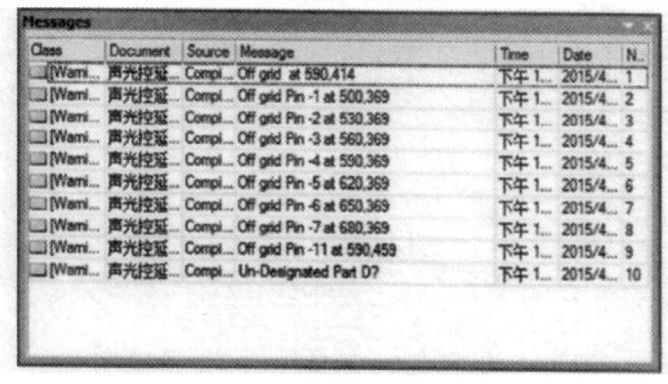

图 3-3-9 电气规则检查信息框

2. 生成网络表和元件列表

选择菜单栏中的"设计"→"设计项目的网络表"→"Protel"命令,如图 3-3-10 所示,可生成网络表。查阅相关资料,简述如何生成元件列表。

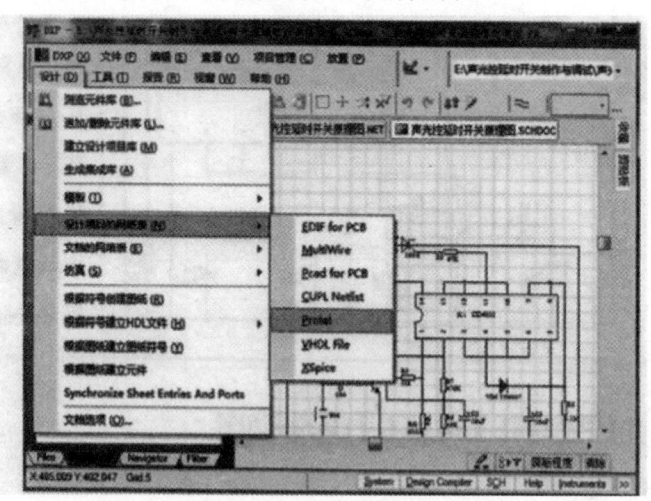

图 3-3-10 生成网络表

3. 打印电路原理图

简述在 Altium Designer 软件中打印电路原理图的方法，并打印输出声光控延时开关电路原理图，如图 3-3-11 所示。

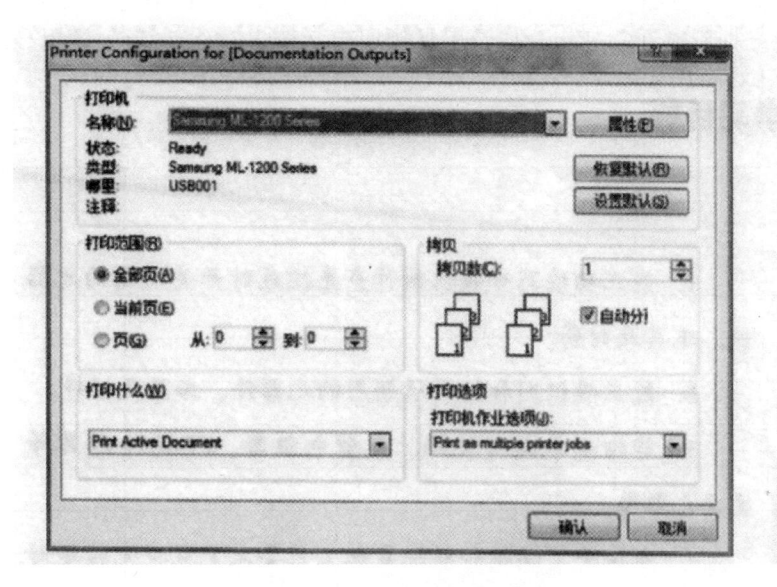

图 3-3-11　打印电路原理图

【评价与分析】

根据每个小组成员在本活动学习过程中的表现情况填写"学习任务过程性考核记录表"。

学习活动四　声光控延时开关的制作

【活动目标】

1. 能正确填写并领取制作声光控延时开关所需的元器件、工具及材料。
2. 能正确识别和核对所领用的元器件、工具及材料。
3. 能检测单向可控硅、光敏电阻器、CD4011 芯片等主要元器件。
4. 能按手工焊接和整机装配工艺要求完成声光控延时开关的制作。

【建议学时】

8 学时。

【学习过程】

一、领取材料及工具

1. 填写声光控延时开关制作套件及工具领用单（表 3-4-1），每人领用一组声光控延时开关套件，如图 3-4-1 所示。

表 3-4-1　声光控延时开关制作套件及工具领用单

任务名称			指导教师	
序号	套件及工具名称	型号及规格	数量	目测外观情况
1				
2				
3				
4				
5				
6				
7				
8				
9				

发放人（签名）：_____

领用人（签名）：_____

　　　　　　　　　　　　　　　　　　　　　年　月　日

图 3-4-1　声光控延时开关套件

2．识别声光控延时开关套件中各电子元器件的名称，分类清点元器件的数量，如图 3-4-2 所示，填写表 3-4-2 所列声光控延时开关元器件清单。

图 3-4-2 识别并清点元器件

表 3-4-2 声光控延时开关元器件清单

序号	工位号	图形符号	元器件名称	型号及规格	数量	清点结果
1						
2						
3						
4						
5						
6						
7						
8						
9						
10						
11						
14						
备注：元器件型号、规格和数量清点无误后，在对应的清点结果栏处打"√"，否则打"×"							

二、检测元器件

按照电子产品生产工艺要求，在进行元器件装配前首先要检测元器件的功能好坏（表 3-4-3），并对有质量问题的元器件进行标记。

表 3-4-3　检测声光控延时开关主要元器件

序号	检测内容	操作示意图	操作提示
1	电阻器		通过色环法识别各电阻器的电阻值，并将读数填写在下面的横线上： R1：色环颜色_____，读数_____ R2：色环颜色_____，读数_____ R3：色环颜色_____，读数_____
2	二极管		图中黑表笔接的是二极管的_____。 （A．正极　　B．负极） 红表笔接的是二极管的_____。 （A．正极　　B．负极） 检测结果为该二极管是_____。 （A．好的　　B 坏的）
3	三极管		若三极管的平面正对自己，则第 1 脚是____极，第 2 脚是____极，第 3 脚是____极。 检测结果为该三极管是____。 （A．好的　　B．坏的）
4	单向可控硅		若单向可控硅的平面正对自己，则第 1 脚是____极，第 2 脚是____极，第 3 脚是____极。 检测结果为该单向可控硅是____。 （A．好的　　B．坏的）
5	光敏电阻器		将万用表调至 R×____挡，并用手遮住光敏电阻器表面，测得电阻值为____；不遮住光敏电阻器表面，测得电阻值为____。检测结果为该光敏电阻器是____。 （A．好的　　B．坏的）

续表

序号	检测内容	操作示意图	操作提示
6	CD4011 芯片		选择一个能正常使用的同型号的声光控延时开关,用替换法检测 CD4011 芯片质量。若替换后该声光控延时开关也能正常使用,则 CD4011 芯片检测结果是____。 （A．好的　　B．坏的）

三、装配印制电路板

1．根据电子焊接工艺要求,按装配的先后顺序以数字形式对下面待装配的元器件进行编号。

电容器（　　）

单向可控硅（　　）

电阻器（　　）

三极管（　　）

二极管（　　）

粗导线（　　）

驻极体话筒（　　）

光敏电阻器（　　）

CD4011 芯片（　　）

2．按印制电路板工艺要求和表 3-4-4 所列步骤完成声光控延时开关电路板的装配,并将表 3-4-4 中的操作提示补充完整。

表 3-4-4　装配声光控延时开关印制电路板

序号	装配步骤	操作示意图	操作提示
1	插装、焊接电阻器		

续表

序号	装配步骤	操作示意图	操作提示
2	插装、焊接二极管		在二极管引脚成形时，其引脚折弯处与二极管末端之间的距离为_____mm；在插装二极管时，应使二极管有银色环的一端与 PCB 板上二极管工位的_____极一致
3	插装、焊接电容器		
4	插装、焊接三极管和单向可控硅		
5	插装、焊接CD4011 芯片		
6	插装、焊接光敏电阻器		光敏电阻器两引脚无正负极之分，但插装时一定要注意其安装高度，以满足整机装配后，光敏电阻器受光表面能贴近声光控延时开关的红色玻璃面板

续表

序号	装配步骤	操作示意图	操作提示
7	插装、焊接驻极体话筒		
8	焊接导线		

四、声光控延时开关整机组装

1. 熟悉声光控延时开关前面板的组成结构，完成前面板装配任务，如图 3-4-3 所示。

图 3-4-3　声光控延时开关前面板装配

2. 将声光控延时开关电路板用螺钉固定在前面板上，如图 3-4-4 所示。

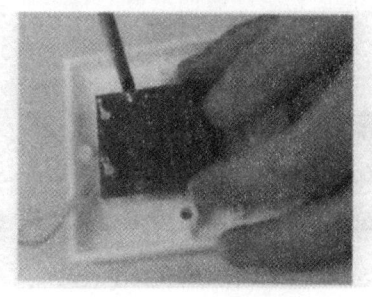

图 3-4-4　固定电路板

3. 将开关电路板正确安装在前面板后，合上后盖，并用螺钉将其固定牢固，完成声光控延时开关组装任务，如图 3-4-5 和图 3-4-6 所示。

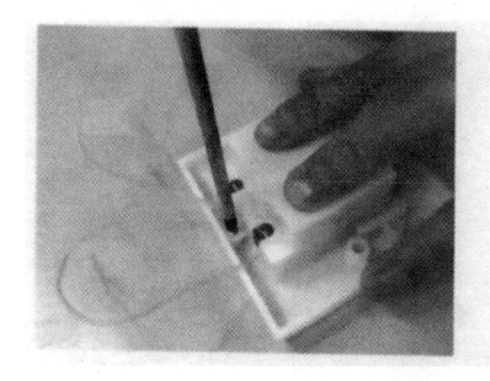

图 3-4-5　固定开关后盖　　　　　图 3-4-6　声光控延时开关制作完成

4. 总结声光控延时开关整机组装工作过程及组装注意事项，并将遇到的问题及其解决方法记录下来。

【评价与分析】

根据每个小组成员在本活动学习过程中的表现情况填写"学习任务过程性考核记录表"。

学习活动五　声光控延时开关的调试与验收

【活动目标】

1. 能正确连接声光控延时开关和实际照明电路，通电验证声光控延时开关功能。
2. 能改变某电阻器或电容器的规格，用示波器测试关键点参数值，比较其声控灵敏度和延时效果。
3. 能按验收标准完成声光控延时开关的验收，并填写声光控延时开关交付清单。
4. 能按生产现场管理 6S 标准对生产现场进行管理。

【建议学时】

4 学时。

【学习过程】

一、功能检测与调试

1. 通电检测。自检合格后，按照如图 3-5-1 所示电路图，将声光控延时开关接入 220V 交流电，如图 3-5-2 所示。根据表 3-5-1 设置声光控延时开关和电源开关的状态，观察电灯有无点亮或延时，并填入表 3-5-1 中。

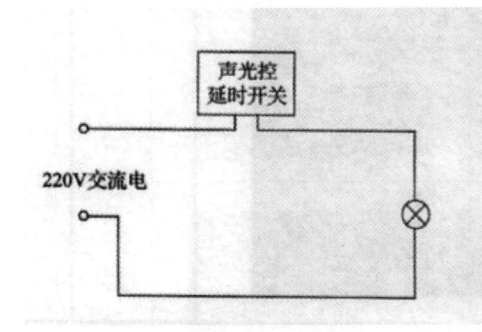

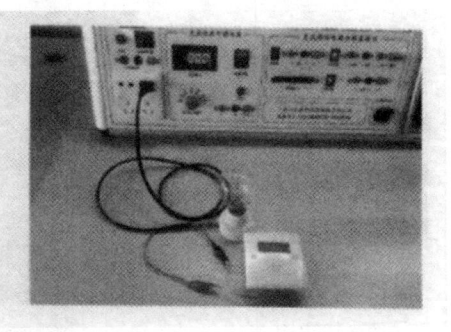

图 3-5-1　功能检测电路原理图　　　　图 3-5-2　功能检测实物图

表 3-5-1　声光控延时开关功能检测记录

序号	声光延迟开关状态	电源开光状态	操作示意图	电源状态 有无点亮	电源状态 有无延迟
1	不遮挡光敏电阻器外的红色玻璃面板	关闭 220V 电源开关			
2	不遮挡光敏电阻器外的红色玻璃面板	关闭 220V 电源开关			

续表

序号	声光延迟开关状态	电源开光状态	操作示意图	电源状态 有无点亮	电源状态 有无延迟
3	遮挡光敏电阻器外的红色玻璃面板	关闭220V电源开关			
4	遮挡光敏电阻器外的红色玻璃面板	关闭220V电源开关			

（1）不遮挡光敏电阻器外的红色玻璃面板，而打开 220V 电源开关时，电灯为什么不亮？

（2）遮挡光敏电阻器外的红色玻璃面板，并打开 220V 电源开关时，电灯点亮并延时几分钟后熄灭？当有脚步声或拍手声时，电灯应重新点亮，若不亮，则可能的原因是什么？

2 声光控延时开关通电测试合格后，用一只电容值为 4.7μF 的电容器替换原来的电容器 C3，记录此时电灯从点亮到自动熄灭的时间：_____min，电灯的延时时间 _____（A．变长；B．变短）。根据电路原理图分析延时时间发生变化的原因。

3．用一只电阻值为 1MΩ 的电阻器替换原来的电阻器 R7，观察延时开关的声控灵敏度，在图 3-5-3 中画出 CD4011 芯片 2 号引脚的波形图，并记录 2 号引脚的电压值。

波形	示波器参数
	时间挡位：　　　　频率： 幅度挡位：　　　　周期： 峰-峰值：　　　　有效值：

图 3-5-3　CD4011 芯片 2 号引脚波形图

二、交付验收

1. 按表 3-5-2 所示声光控延时开关验收标准进行验收并评分。

表 3-5-2　声光控延时开关验收评分表

序号	验收项目	验收标准	配分（分）	客户评分	备注
1	元器件安装	符合 PCB 板元器件工位要求，布局合理，电阻器的色序与字向一致，二极管、电容器、三极管无极性错误，IC 芯片、电位器安装无方向错误，无少装现象。不合格，每处扣 1 分	20		
2	元器件焊接	焊点圆润、光滑，焊接时间恰当，成形好，无毛刺、无拉尖、无虚焊、漏焊以及损坏元器件和焊盘现象。不合格，每处扣 1 分	20		
3	整机装配质量	电源导线与电路连接正确，无极性错误，光敏电阻器外的红色玻璃面板安装正确，外观整洁、美观。不合格，每处扣 2 分	20		
4	整机功能测试	电路连接正确，通电后电路工作正常，能实现声光控制要求。不合格，每处扣 5 分	20		
5	声光控延时开关	能正确使用仪器仪表测试电路中关键点的电气参数，并排除简单故障。不合格，每处扣 5 分	20		
客户对声光控延时开关的验收评价成绩					

2．记录验收过程中存在的问题，小组讨论解决问题的方法，并填入表 3-5-3 中。

表 3-5-3 验收过程问题记录表

序号	验收中存在的问题	改进和完善措施	完成时间	备注
1				
2				
3				
4				

（3）声光控延时开关验收结束后，整理材料和工具，归还领用物品，并填写八路抢答器交付清单，见表 3-5-4。

表 3-5-4 声光控延时开关交付清单

任务名称				接单日期	
工作地点				交付日期	
三方评价结果（百分制）	自我评价	小组评价	客户评价	验收结论（百分制）	
材料及工具归还清单					
序号	材料及工具名称	型号及规格		数量	备注
1					
2					
3					
4					
5					
6					
7					
8					
客户或负责人（签名）		年 月 日		团队负责人（签字）	年 月 日

三、整理工作现场

按生产现场管理 6S 标准，整理工作现场，清除作业垃圾，关闭现场电源，经指导教师检查合格后方可离开工作现场。

学习活动六　工作总结与评价

【活动目标】

1. 能按分组情况选派代表展示本组工作成果，并进行自评和互评。
2. 能结合任务完成情况，正确规范地撰写工作总结（心得体会）。
3. 能对本任务中出现的问题进行分析，并提出以后的改进措施和办法。
4. 能按电气作业操作规范，完成学生宿舍楼道电源开关的改造任务。

【建议学时】

4 学时。

【学习过程】

一、个人、小组评价

　　以小组为单位，选择演示文稿、展板、海报、视频等形式中的一种或几种，向全班展示、汇报制作成果。在展示的过程中，以小组为单位进行评价；评价完成后，根据其他小组成员对本组展示成果的评价意见进行归纳总结。

二、教师评价

　　认真听取教师对本小组展示成果优缺点以及在任务完成过程中出现的亮点和不足的评价意见，并做好记录。

1. 教师对本小组展示成果优点的点评。
2. 教师对本小组展示成果缺点以及改进方法的点评。
3. 教师对本小组在整个任务完成过程中出现的亮点和不足的点评。

三、工作过程回顾及总结

　　1. 总结完成八路抢答器制作与调试任务过程中遇到的问题和困难，列举 2~3 点你认为比较值得和其他同学分享的工作经验。

2. 回顾本学习任务的工作过程，对新学专业知识和技能进行归纳和整理，写一篇字数不少于 800 字的工作总结，并打印成稿粘贴在下面的空白处。

四、学生宿舍楼道电源开关改造

按照电气作业操作规范，将如图 3-6-1 所示学生宿舍楼道中的按钮式电源开关改造成声光控延时开关，如图 3-6-2 和图 3-6-3 所示。归纳总结宿舍楼道电源开关改造时的操作步骤及注意事项。

图 3-6-1 改造前的按钮式开关

图 3-6-2　宿舍楼道开关改造中　　　　　图 3-6-3　改造后的声光控延时开关

【评价与分析】

按照客观、公正和公平原则，在教师的指导下按自我评价、小组评价和教师评价三种方式对自己或他人在本学习任务中的表现进行综合评价。综合等级按 A（90~100）、B（75~89）、C（60~74）、D（0~59）四个级别进行填写，见表 2-6-2。

表 2-6-2　学习任务综合评价表

考核项目	评价内容	配分（分）	自我评价	小组评价	教师评价
职业素养	劳动保护用品穿戴完备，仪容仪表符合工作要求	5			
	安全意识、责任意识、服从意识强	6			
	积极参加教学活动，按时完成各项学习任务	6			
	团队合作意识强，善于与人交流和沟通	6			
	自觉遵守劳动纪律，尊敬师长、团结同学	6			
	爱护公物、节约材料，管理现场符合 6S 标准	6			
专业能力	专业知识扎实，有较强的自学能力	10			
	操作积极、训练刻苦，具有一定的动手能力	15			
	技能操作规范，注重安装工艺，工作效率高	10			
工作成果	产品制作符合工艺规范，产品功能满足要求	20			
	工作总结符合要求，产品制作质量高	10			
总分		100			
总评	自我评价×20%+小组评价×20%+教师评价×60% =	综合等级		教师（签名）：	

学习任务四　数字电子钟制作与调试

【任务目标】

1. 能根据工作情境描述，明确工作任务，并填写数字电子钟制作与调试工作单。
2. 能识别数字电子钟的常见类型，并正确描述其组成结构及主要用途。
3. 能根据任务要求，合理制订制作与调试数字电子钟的工作计划。
4. 能识读数字电子钟电路原理图，列出所需元器件清单，并制定制作与调试数字电子钟的工作方案。
5. 能用 Altium Designer 绘图软件绘制数字电子钟电路原理图和 PCB 图。
6. 能根据任务需要准备装配工具和仪表，领用、核对所需元器件，识别并检测晶振、显示屏、LM8560 芯片、CD4060 芯片等主要元器件。
7. 能按照 PCB 图和工艺文件要求、电子作业安全规范完成数字电子钟印制电路板的装配。
8. 能按照安全操作规程，完成数字电子钟的整机组装，并验证其计时功能。
9. 能用示波器测试数字电子钟某些关键点的电压和波形等。
10. 能按数字电子钟的验收标准，完成数字电子钟的交付验收工作，并对其制作过程进行总结、评价和成果展示。
11. 能按生产现场管理 6S 标准，清理现场垃圾并整理现场。

【建议学时】

36 学时。

【工作情境描述】

学校计划在教室讲台上放置一只数字电子钟，用于提醒教师按时上下课，掌握授课节奏。现需要电子班同学利用 6 个工作日，在电子产品制作车间每组合作完成一只数字电子钟的制作，如图 4-0-1 所示。装调完毕，通过展示、评比后，选择性能最好的数字电子钟放置在讲台上，同时对该数字电子钟的制作团队给予一定的物质或精神奖励。具体要求如下。

（1）制作的数字电子钟能直接显示"时""分""秒"，并以 24 小时为一个计时周期。
（2）当电路发生走时误差时，要求电路具有校时功能。

提供的物料有：数字电子钟套件每组一套，焊锡丝、锡膏等辅助材料若干。

学习任务四　数字电子钟制作与调试

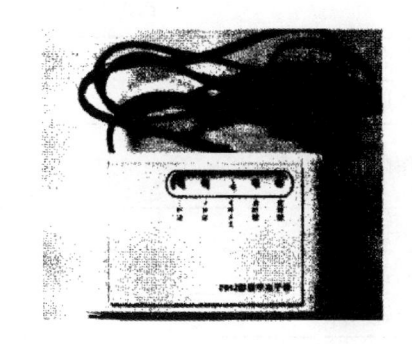

图 4-0-1　数字电子钟

【工作流程与活动】

1. 明确工作任务，认知数字电子钟（4 学时）。
2. 识读数字电子钟电路原理图，制定工作方案（4 学时）。
3. 绘制数字电子钟电路原理图和 PCB 图（12 学时）。
4. 数字电子钟的制作（8 学时）。
5. 数字电子钟的调试与验收（4 学时）。
6. 工作总结与评价（4 学时）。

学习活动一　明确工作任务，认知数字电子钟

【活动目标】

1. 能根据工作情境描述，正确填写工作单。
2. 能识别电子钟的常见类型，并能描述其规格、基本结构及主要用途。
3. 能分析数字电子钟各组成部件之间的连接关系。
4. 能根据任务要求，制订数字电子钟制作与调试工作计划。

【建议学时】

4 学时。

【学习过程】

一、填写工作单

阅读工作情境描述及相关资料，根据实际情况填写表 4-1-1 所列工作单。

表 4-1-1　数字电子钟制作与调试工作单

任务名称			接单日期	
工作地点			任务周期	
工作内容				
提供物料				
产品要求				
客户姓名		联系电话		验收日期	
团队负责人姓名		联系电话		团队名称	
备注				

二、认知数字电子钟

数字电子钟通常由大规模集成电路通过驱动 LED 显示屏显示时、分，其振荡电路采用石英晶体作为时基信号源，从而保证走时的精度。数字电子钟具有计时、自动报时及自动控制等功能，其特点是调整方便、电路稳定可靠、能耗低。

1. 数字电子钟根据应用场所的不同，可分为哪些常见类型？

2. 观察表 4-1-2 所列数字电子钟应用实例，将各自所属的数字电子钟类型及应用场合填写在表中相应的空格内。

表 4-1-2　数字电子钟的应用

序号	实物图	类型	应用场合
1			

续表

序号	实物图	类型	应用场合
2			
3			

3．本任务将模拟真实产品制作一个数字电子钟，如图 4-1-1 所示。试结合数字电子钟组成结构，写出图中重点标注部位的部件名称。

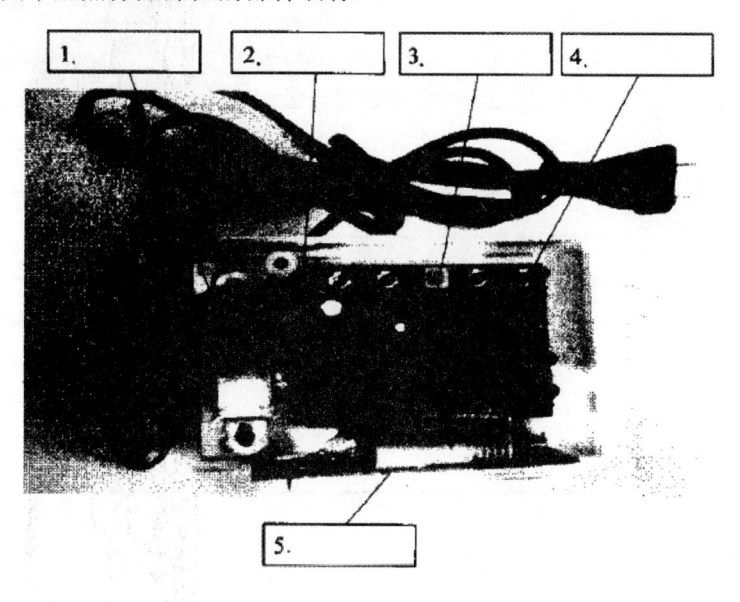

图 4-1-1　数字电子钟组成结构

4. 根据图 4-1-1 画出整机各主要部件之间的连接关系，如图 4-1-2 所示。

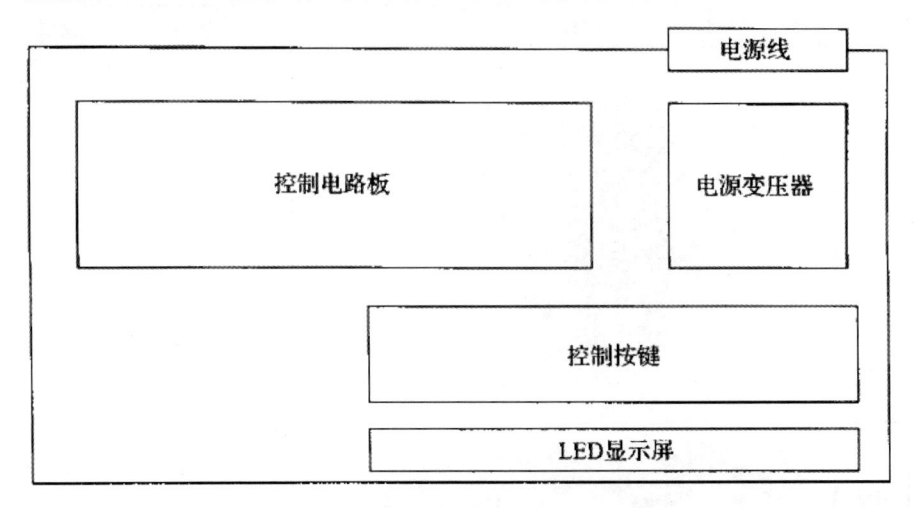

```
┌─────────────────────────────────────────┐
│                          ┌──电源线──┐    │
│  ┌──────────────┐    ┌──────────┐   │
│  │              │    │          │   │
│  │   控制电路板  │    │ 电源变压器 │   │
│  │              │    │          │   │
│  └──────────────┘    └──────────┘   │
│                                      │
│         ┌──────────────┐             │
│         │   控制按键    │             │
│         └──────────────┘             │
│                                      │
│         ┌──────────────┐             │
│         │   LED显示屏   │             │
│         └──────────────┘             │
└─────────────────────────────────────────┘
```

图 4-1-2 整机各主要部件之间的连接关系

三、制订工作计划

查阅相关资料，了解电子产品制件与调试的基本步骤，根据任务要求，制订本小组的工作计划，并填入表 4-1-3 中。

表 4-1-3 数字电子钟制作与调试工作计划表

团队名称		团队编号		任务名称		任务起止日期		
步骤	计划名称	工作内容				预计施工日期	预计工时	备注
1								
2								
3								
4								
5								
6								

教师审核意见：

教师（签名）： 　　　　　　　　制订计划人（签名）：

年　月　日

【评价与分析】

根据每个小组成员在本活动学习过程中的表现情况填写"学习任务过程性考核记录表"。

学习活动二　识读数字电子钟电路原理图，制定工作方案

【活动目标】

1. 能识读数字电子钟电路原理图，列出制作数字电子钟所需的主要元器件清单。
2. 能描述晶振、LM8560 芯片、CD4060 芯片的内部结构、引脚功能及工作原理。
3. 能分析数字电子钟电路原理图，画出电路方框图，并简述其工作过程。
4. 能根据任务要求，制定、展示和决策最佳施工方案。

【建议学时】

4 学时。

【学习过程】

一、识读数字电子钟电路原理图

1. 识读图 4-2-1 所示数字电子钟电路原理图，列出制作数字电子钟所需的元器件，并填入表 4-2-1 中。

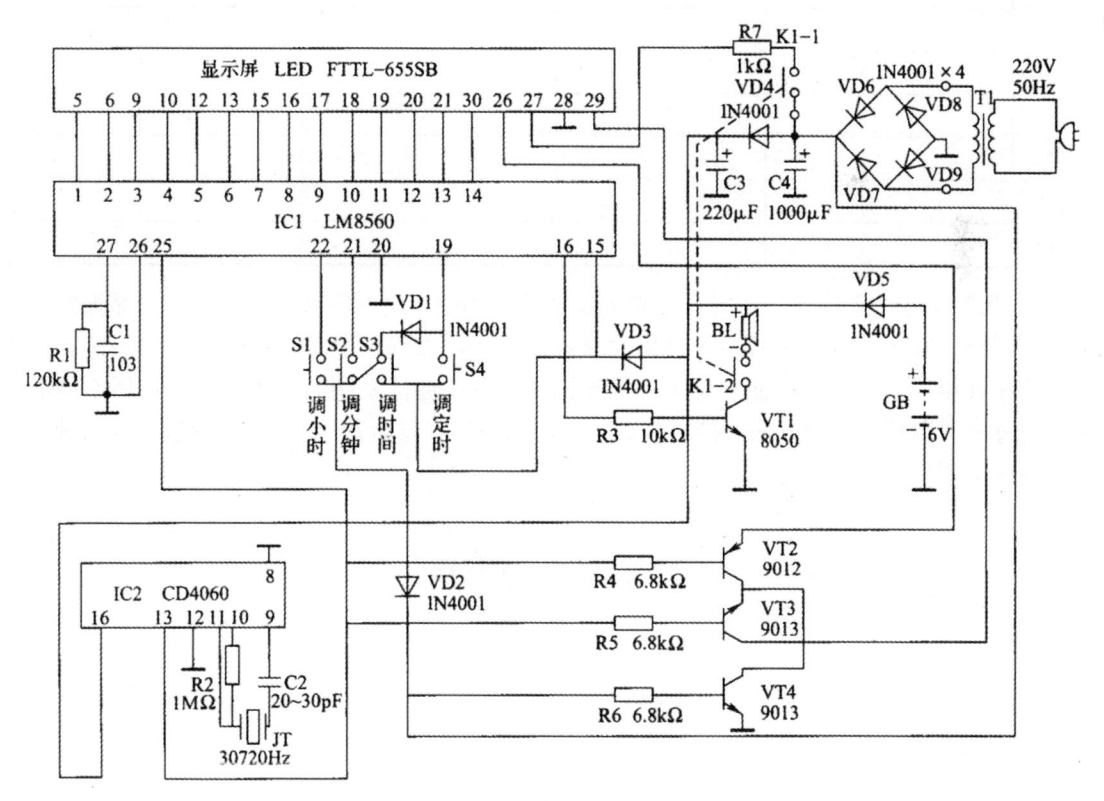

图 4-2-1　数字电子钟电路原理图

表 4-2-1 数字电子钟元器件清单

序号	元器件名称	文字符号	型号及规格	数量	备注
1					
2					
3					
4					
5					
6					
7					
8					
9					
10					
11					
12					
13					
14					
15					
16					
17					
18					
19					
20					
21					

2．如图 4-2-2 至图 4-2-4 所示分别为晶振的实物图、电路符号和等效电路。晶振的作用是为系统提供基本的时钟信号，在共振的状态下工作，以提供稳定、精确的单频振荡。通常一个系统共用一个晶振，以便于各部分保持同步；有些通信系统的基频和射频使用不同的晶振，通过电子调整频率的方法保持同步。查阅相关资料，结合图 4-2-1 所示数字电子钟电路原理图做下列分析。

图 4-2-2 晶振实物图

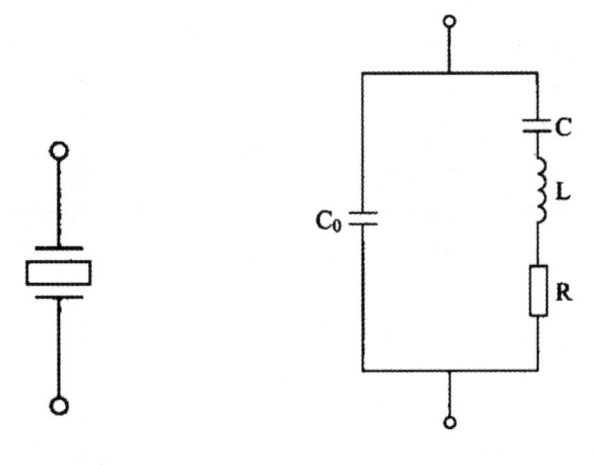

图 4-2-3　晶振电路符号　　　　图 4-2-4　晶振等效电路

（1）在数字电子钟电路原理图中，晶振的振荡频率是多少？

（2）在数字电子钟电路原理图中，晶振与 CD4060 芯片组成的是串联谐振型电路还是并联谐振型电路？

3．如图 4-2-5 至图 4-2-7 所示分别为计数译码器 LM8560 的实物图、引脚图和内部结构图。LM8560 集成电路采用 28 脚双列直插式封装，内含显示译码驱动电路、12/24 小时选择电路以及其他各种设置和报警电路等。它具有较宽的工作电压范围（7.5~14V）和工作温度范围（-20~70℃），自身功耗很小，其输出能直接驱动发光二极管显示屏。查阅 LM8560 芯片说明书，完成下列任务。

图 4-2-5　计数译码器 LM8560 实物图

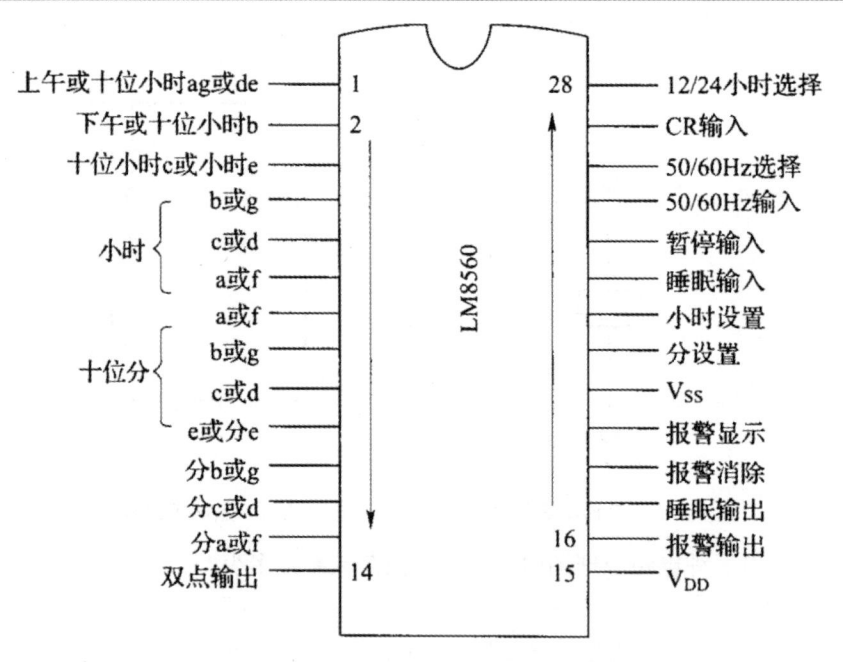

图 4-2-6　计数译码器 LM8560 引脚图

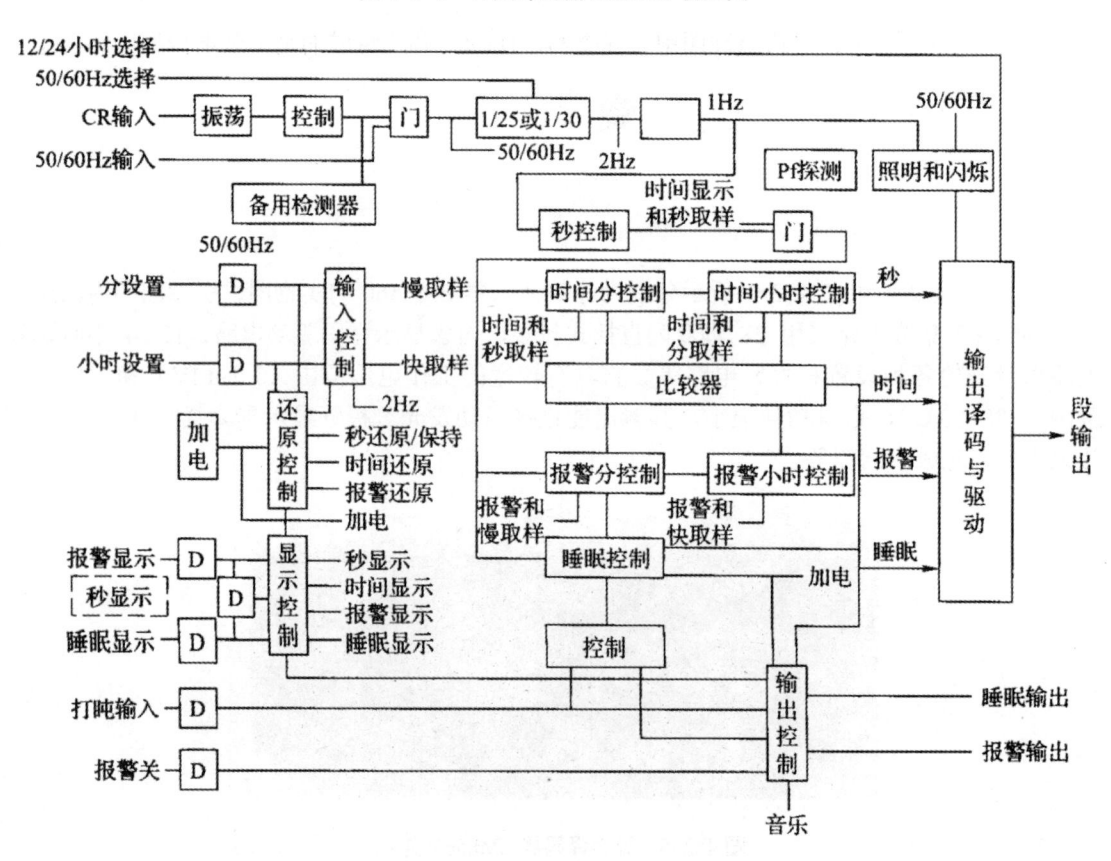

图 4-2-7　计数译码器 LM8560 内部结构图

（1）分析如何实现计数译码器 LM8560 的 50/60Hz 选择。

（2）分析如何实现计数译码器 LM8560 的 12/24 小时选择。

4．如图 4-2-8 至图 4-2-10 所示分别为 CD4060 芯片的实物图、引脚图和内部结构图。CD4060 芯片是 14 位二进制串行计数器/分频器，其由一个振荡器和 14 级二进制串行计数器位组成。振荡器的结构可以是 RC 或晶振电路，RESET 复位为高电平时，计数器清零且振荡器使用无效。所有的计数器位均为主从触发器，在时钟脉冲的下降沿，计数器以二进制进行计数。查阅 CD4060 芯片说明书，完成下列任务。

图 4-2-8　CD4060 芯片实物图

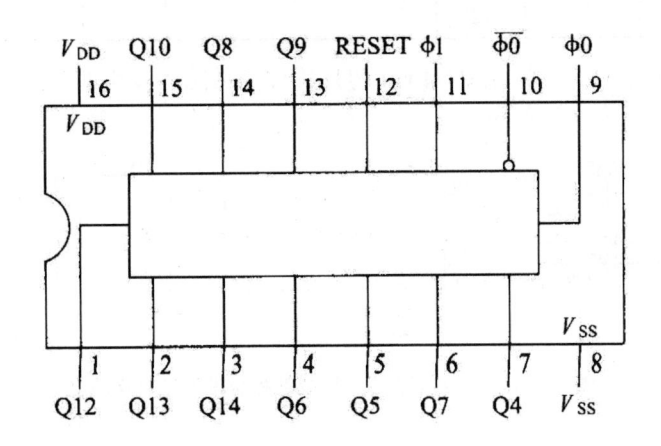

图 4-2-9　CD4060 芯片引脚图

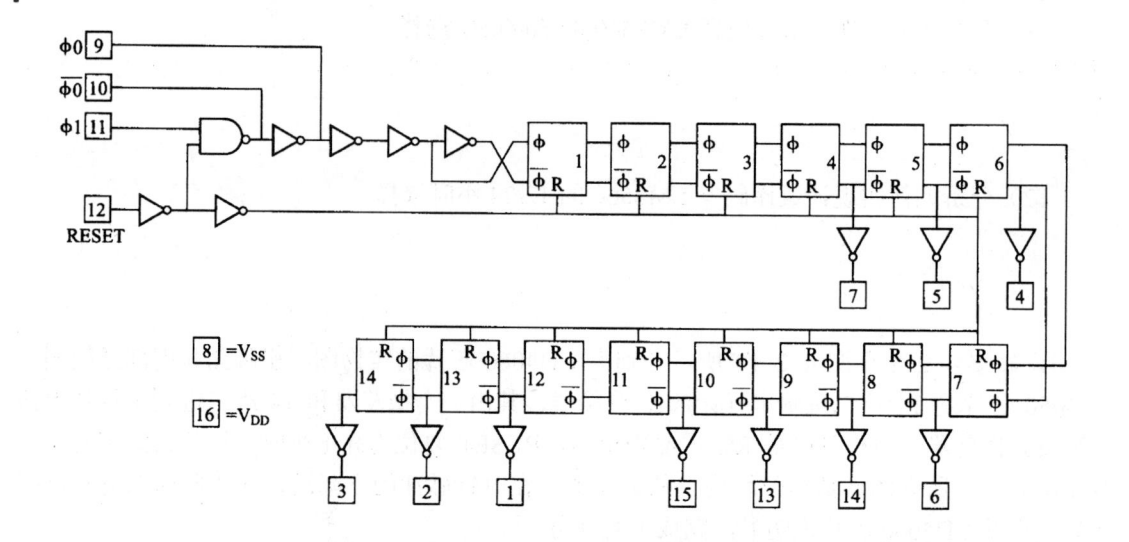

图 4-2-10　CD4060 芯片内部结构图

（1）将表 4-2-2 中 CD4060 芯片的引脚名称补充完整，并解释主要引脚的功能。

表 4-2-2　CD4060 芯片引脚功能表

序号	引脚名称	引脚功能描述	序号	引脚名称	引脚功能描述	序号	引脚名称	引脚功能描述
1	12 分频输出		7	4 分频输出		13	8 分频输出	
2			8			14	9 分频输出	
3			9			15	10 分频输出	
4	6 分频输出		10			16		
5	5 分频输出		11					
6	7 分频输出		12					

（2）分析图 4-2-11，简述由 CD4060 芯片构成的秒脉冲发生器电路的工作原理。

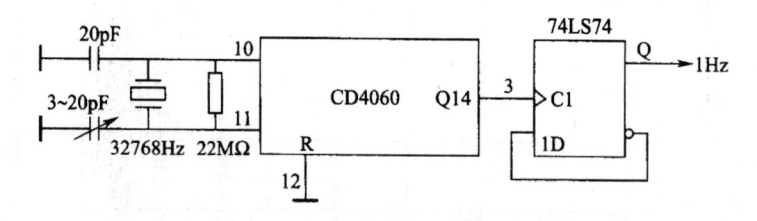

图 4-2-11　CD4060 芯片构成的秒脉冲发生器电路图

5. 分析图 4-2-12 所示数字电子钟电路结构图，完成下列任务。

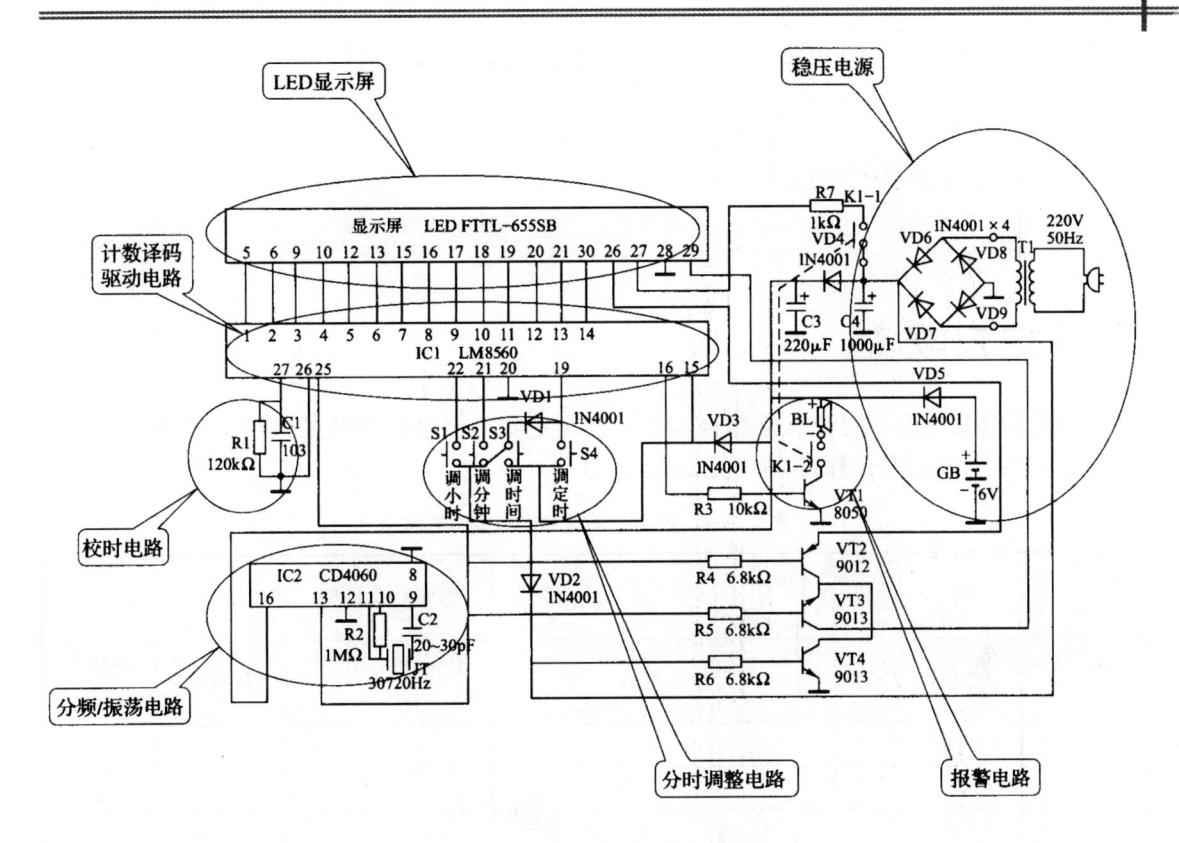

图 4-2-12　数字电子钟电路结构图

（1）结合图 4-2-12 所示数字电子钟电路结构图，完善图 4-2-13 所示电路方框图。

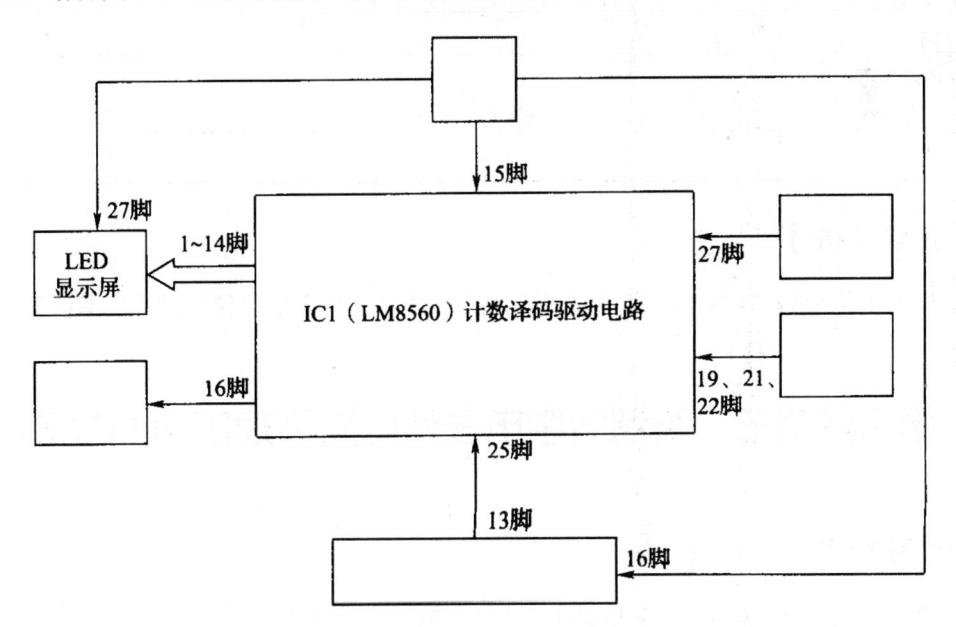

图 4-2-13　数字电子钟电路方框图

◇◇ 电子产品制作与调试

（2）写出数字电子钟电路方框图中每一个框图的主要构成元件。

（3）简述数字电子钟的工作过程。

二、制定工作方案

根据本组成员的不同特点进行合理分工，制定本小组制作与调试数字电子钟的工作方案，展示并决策出最佳工作方案，填入表 4-2-3 中。

表 4-2-3　数字电子钟制作与调试方案

任务名称		任务起止日期		方案制定日期		
序号	实施步骤		工作内容	所需资料、材料及工具	负责人	参与人员
1						
2						
3						
4						
5						
6						
教师审核意见： 教师（签名）：_____　　决策人（签名）：_____　　　　　　　　　　　　　　　　　　　　　年　月　日						

【评价与分析】

根据每个小组成员在本活动学习过程中的表现情况填写"学习任务过程性考核记录表"。

学习活动三　绘制数字电子钟电路原理图和 PCB 图

【活动目标】

1. 能用 Altium Designer 绘制和测试数字电子钟电路原理图
2. 能描述 Altium Designer 中 PCB 的设计流程，并能根据需要正确设置图纸。

3. 能在 Altium Designer 中创建、保存和打开数字电子钟 PCB 文件。
4. 能在 Altium Designer 中装载 PCB 元件库并导入网络表。
5. 能调整 PCB 板中元件布局，并用自动布线方法绘制数字电子钟 PCB 图。

【建议学时】

12 学时。

【学习过程】

一、绘制数字电子钟电路原理图

用 Altium Designer 绘制数字电子钟电路原理图，结合所学知识或查阅相关资料，将下面各步骤的操作过程补充完整。

1. 启动 Altium Designer 简体中文版，其操作步骤见表 4-3-1。

表 4-3-1　Altium Designer 的启动

操作步骤	操作过程	操作示意图
1	在桌面上单击"开始"→"程序"→"Altium Designer"或在桌面上双击可启动 Altium Designer	
2	进入 Altium Designer 主窗口管理面板，如右图所示	

2. 新建数字电子钟项目文件，其操作步骤见表 4-3-2。

表 4-3-2　新建"数字电子钟.PrjPCB"项目文件

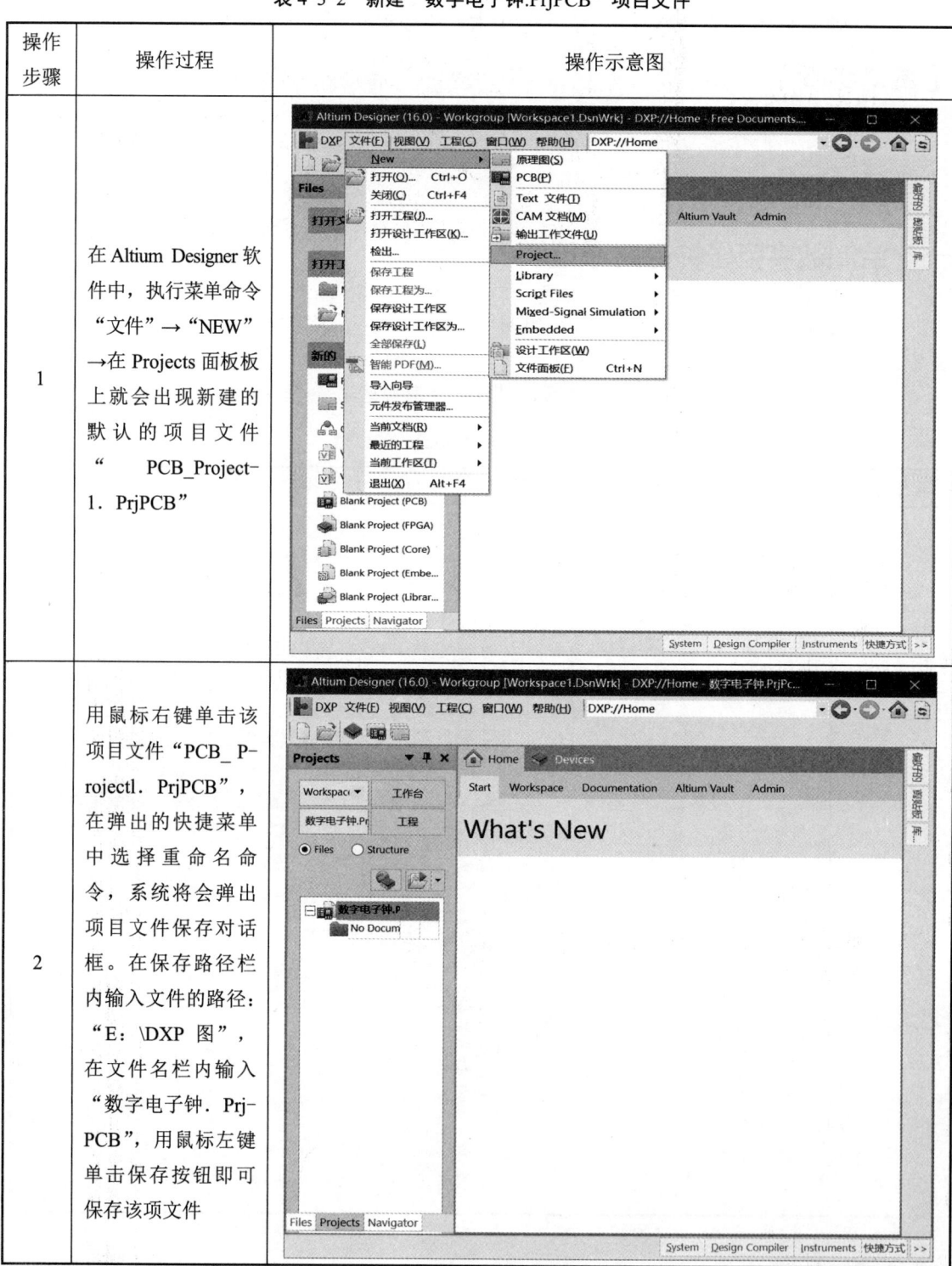

操作步骤	操作过程	操作示意图
1	在 Altium Designer 软件中，执行菜单命令"文件"→"NEW"→在 Projects 面板板上就会出现新建的默认的项目文件"PCB_Project-1.PrjPCB"	
2	用鼠标右键单击该项目文件"PCB_Projectl.PrjPCB"，在弹出的快捷菜单中选择重命名命令，系统将会弹出项目文件保存对话框。在保存路径栏内输入文件的路径："E：\DXP 图"，在文件名栏内输入"数字电子钟.PrjPCB"，用鼠标左键单击保存按钮即可保存该项文件	

3. 新建数字电子钟原理图文件，其操作步骤见表 4-3-3。

表 4-3-3 新建"数字电子钟.SchDoc"原理图文件

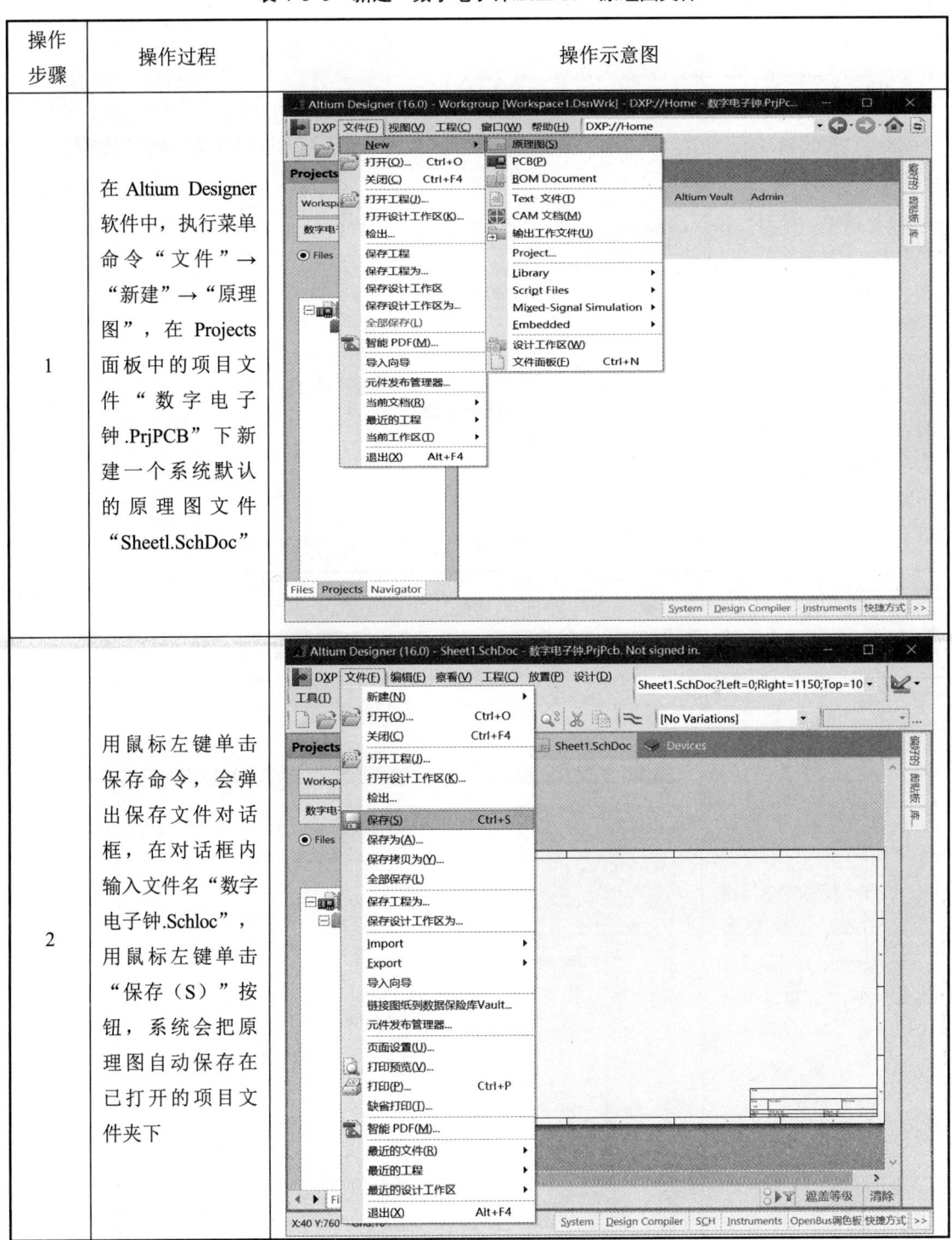

操作步骤	操作过程	操作示意图
1	在 Altium Designer 软件中，执行菜单命令"文件"→"新建"→"原理图"，在 Projects 面板中的项目文件"数字电子钟.PrjPCB"下新建一个系统默认的原理图文件"Sheetl.SchDoc"	
2	用鼠标左键单击保存命令，会弹出保存文件对话框，在对话框内输入文件名"数字电子钟.Schloc"，用鼠标左键单击"保存（S）"按钮，系统会把原理图自动保存在已打开的项目文件夹下	

4. 设置数字电子钟电路原理图图纸，其操作步骤见表 4-3-4。

表 4-3-4　设置原理图图纸

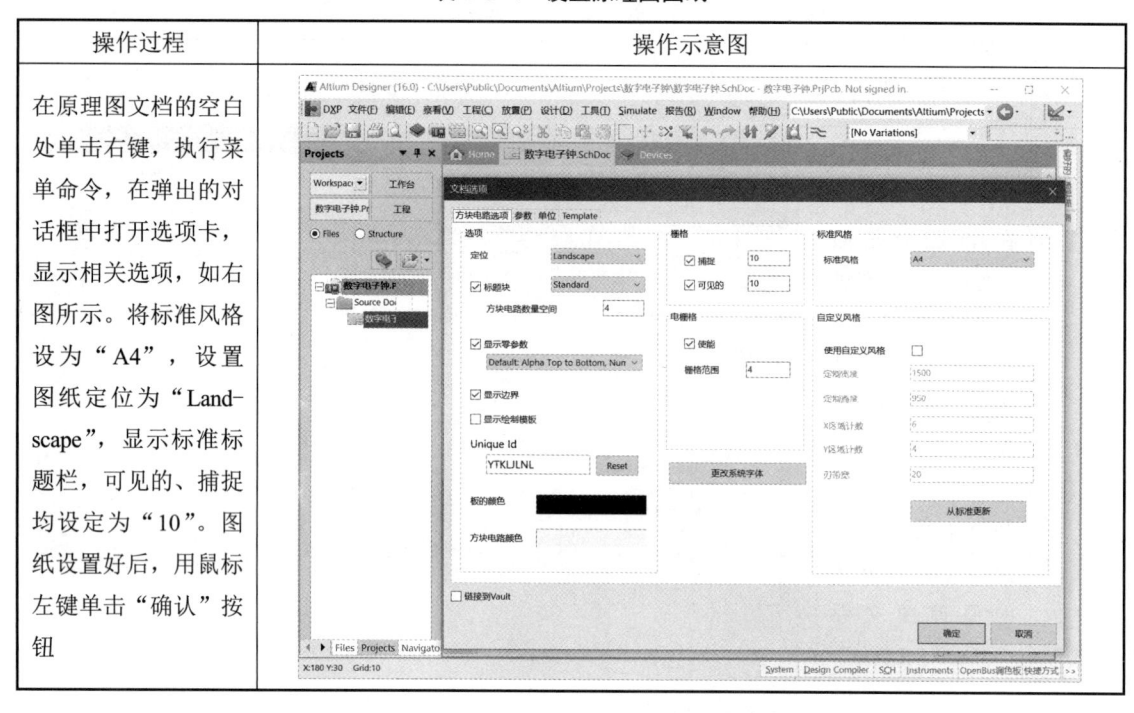

操作过程	操作示意图
在原理图文档的空白处单击右键，执行菜单命令，在弹出的对话框中打开选项卡，显示相关选项，如右图所示。将标准风格设为"A4"，设置图纸定位为"Landscape"，显示标准标题栏，可见的、捕捉均设定为"10"。图纸设置好后，用鼠标左键单击"确认"按钮	

5. 绘制数字电子钟特殊原理图库元件，其操作步骤见表 4-3-5。

表 4-3-5　绘制数字电子钟特殊原理图库元件的操作步骤

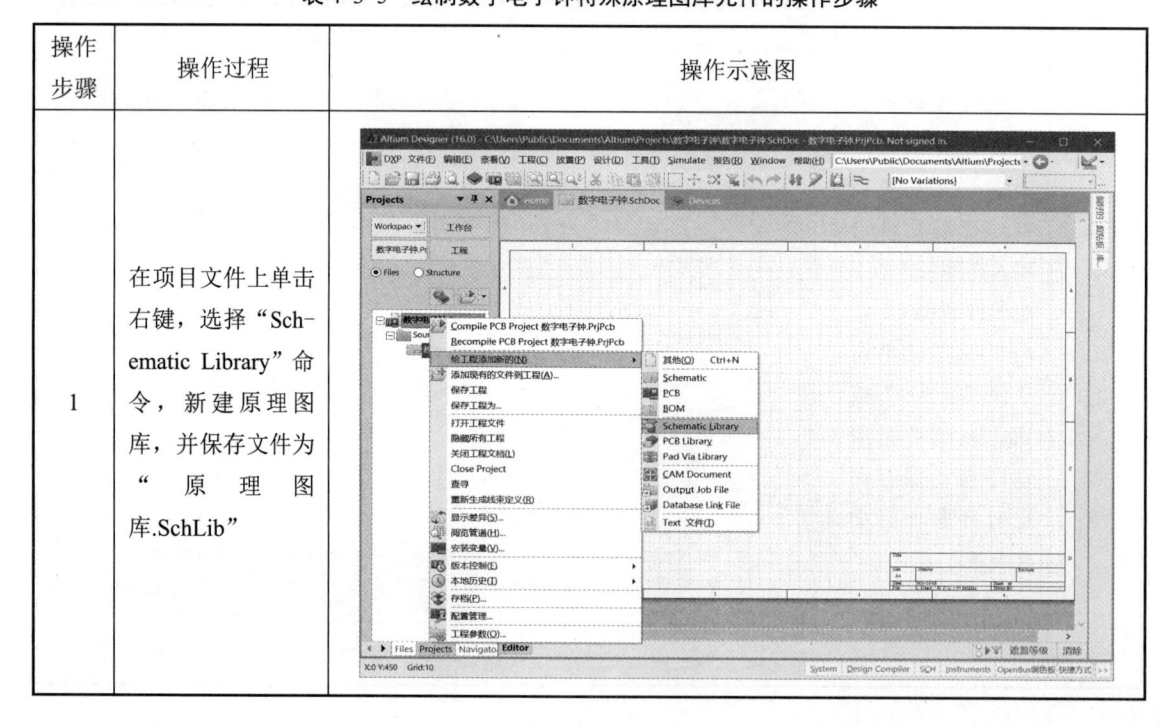

操作步骤	操作过程	操作示意图
1	在项目文件上单击右键，选择"Schematic Library"命令，新建原理图库，并保存文件为"原理图库.SchLib"	

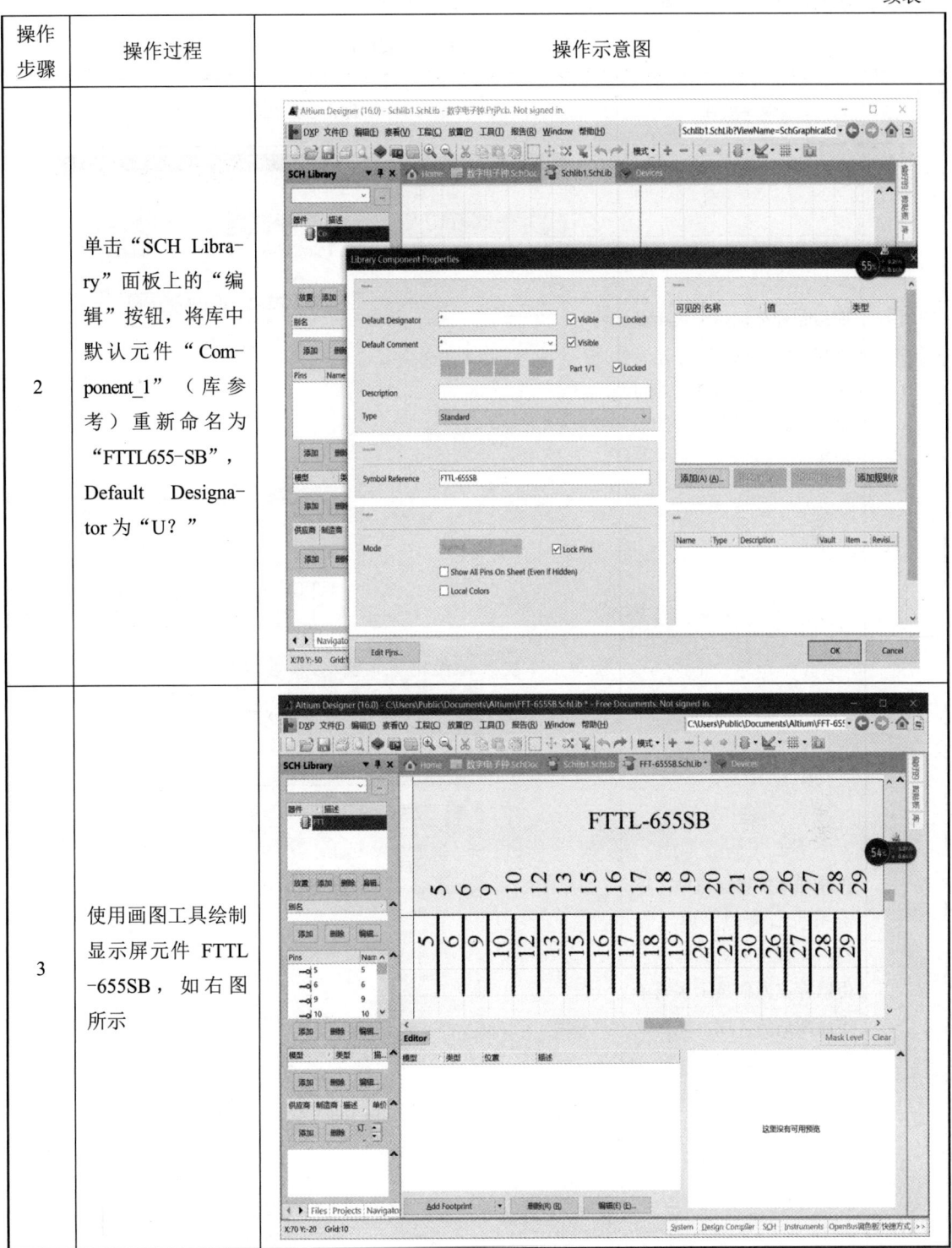

续表

操作步骤	操作过程	操作示意图
2	单击"SCH Library"面板上的"编辑"按钮，将库中默认元件"Component_1"（库参考）重新命名为"FTTL655-SB"，Default Designator为"U？"	
3	使用画图工具绘制显示屏元件 FTTL-655SB，如右图所示	

电子产品制作与调试

6. 放置元件并设置其属性，其操作步骤见表 4-3-6。

表 4-3-6　放置元件并设置属性

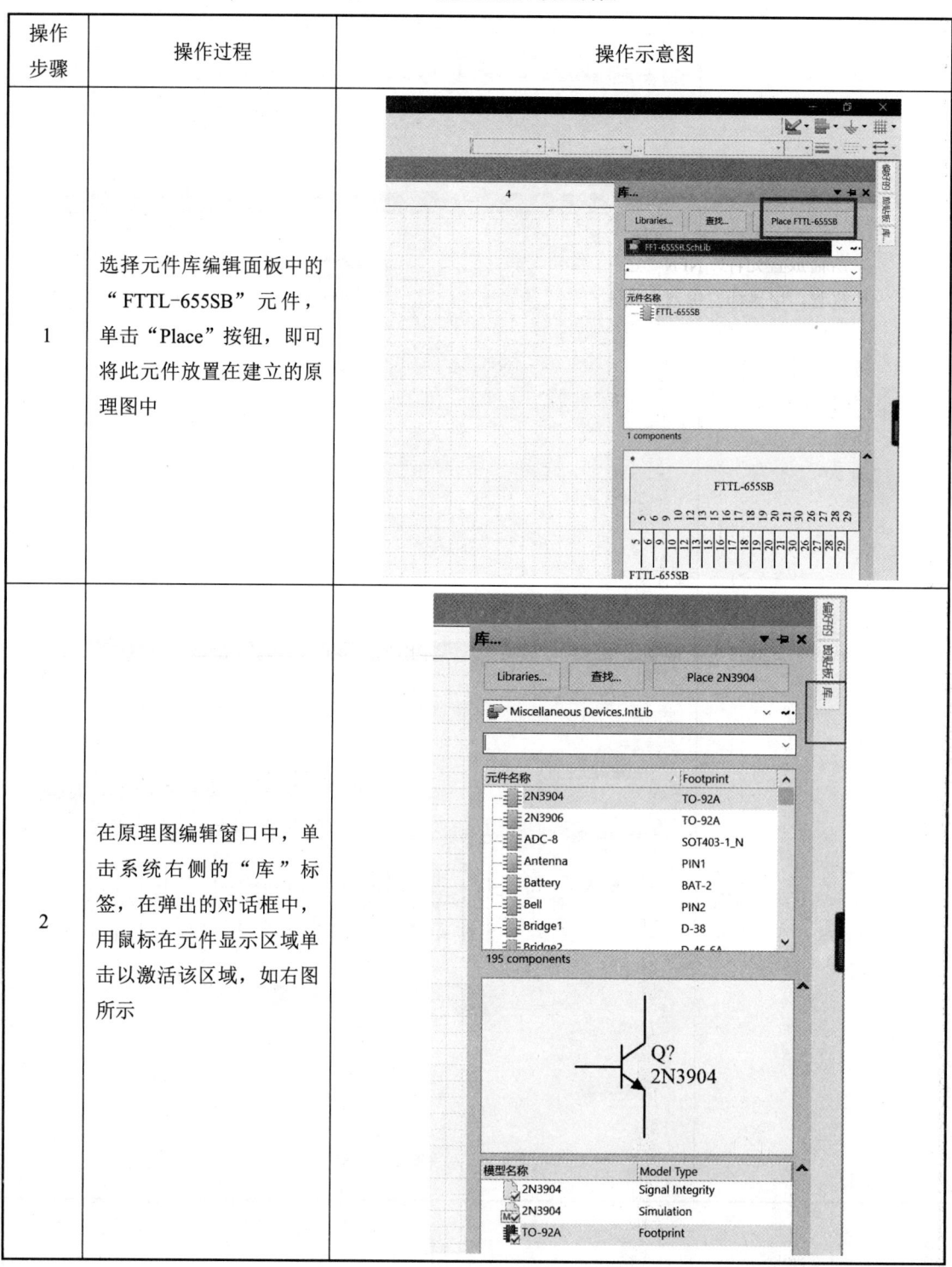

操作步骤	操作过程	操作示意图
1	选择元件库编辑面板中的"FTTL-655SB"元件，单击"Place"按钮，即可将此元件放置在建立的原理图中	
2	在原理图编辑窗口中，单击系统右侧的"库"标签，在弹出的对话框中，用鼠标在元件显示区域单击以激活该区域，如右图所示	

110

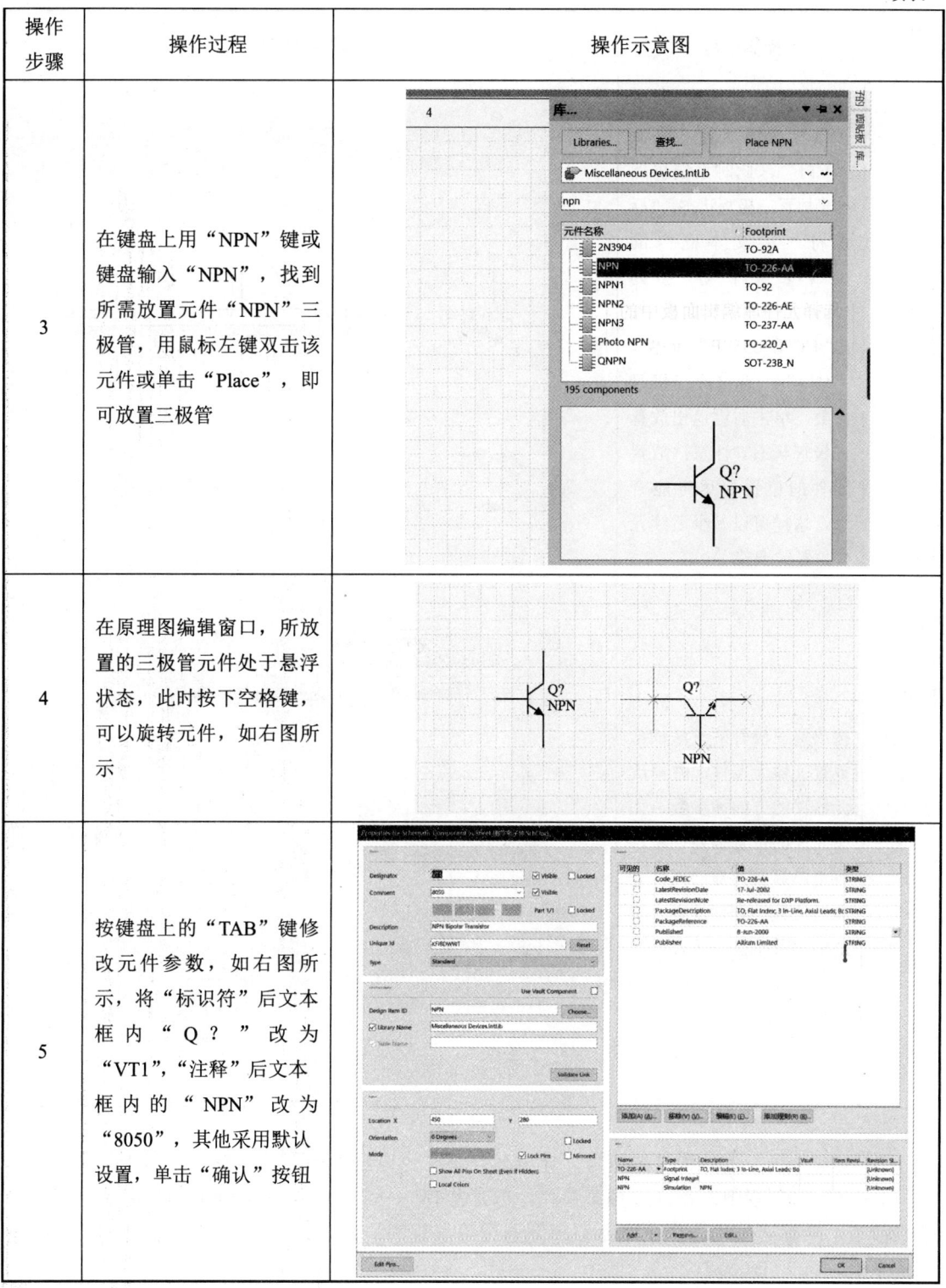

续表

操作步骤	操作过程	操作示意图
3	在键盘上用"NPN"键或键盘输入"NPN",找到所需放置元件"NPN"三极管,用鼠标左键双击该元件或单击"Place",即可放置三极管	
4	在原理图编辑窗口,所放置的三极管元件处于悬浮状态,此时按下空格键,可以旋转元件,如右图所示	
5	按键盘上的"TAB"键修改元件参数,如右图所示,将"标识符"后文本框内"Q?"改为"VT1","注释"后文本框内的"NPN"改为"8050",其他采用默认设置,单击"确认"按钮	

续表

操作步骤	操作过程	操作示意图
6	在工作区内的合适位置单击鼠标左键放置三极管"VT1",此时系统仍然处于放置三极管状态,"标识符"后文本框内的"VT1"自动变为"VT2",同理放置"VT2""VT3""VT4",并修改三极管参数,单击右键退出放置三极管状态。注意:放置元件的位置要尽可能合理,这样可以减少后续元件位置的调整	VT1 8050　VT2 8050　VT3 8050　VT4 8050
7	按放置三极管的方法依次放置其他元器件,并修改元器件的方向和参数,如果元件的位置需要调整,可用鼠标直接拖动元件到合适位置。元件放置完毕的电路图如右图所示	

7．绘制导线、电源和接地符号,完成数字电子钟电路原理图的绘制,如图 4-3-1 所示。

8．进行电气规则检查。选择菜单栏中的"工程"→"Compile Document"命令进行电气规则检查,并修改错误,直到电路原理图通过电气规则检查。如图 4-3-2 所示为电气规则检查信息框。

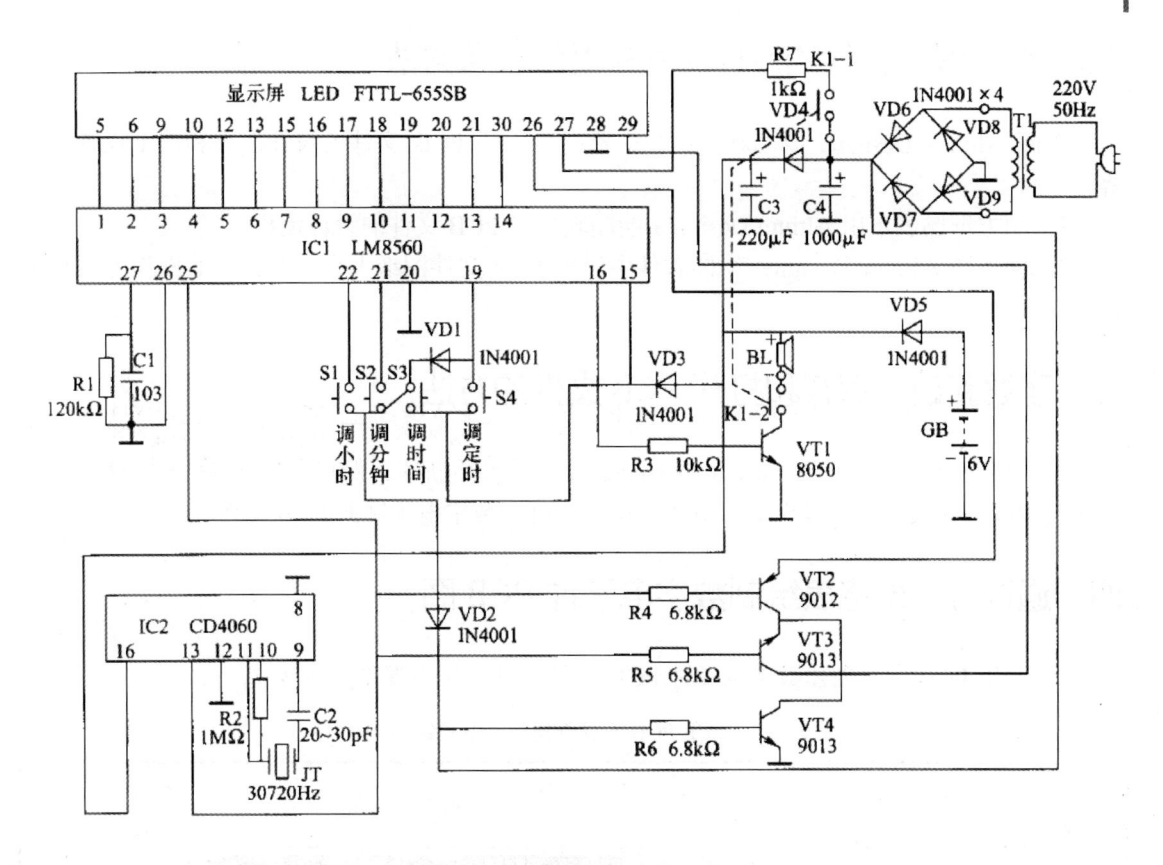

图 4-3-1 数字电子钟电路原理图

图 4-3-2 电气规则检查信息框

二、了解 PCB 文件的设计流程和图纸设置方法

查阅 Altium Designer 绘图软件的相关资料,了解 PCB 文件的设计流程和图纸设置方法等。

1. 用方框图表示出 Altium Designer 绘图软件中 PCB 文件的设计流程。
2. 简述在 Altium Designer 绘图软件中设置 PCB 文件图纸大小、单位等的操作方法和步骤。

三、了解新建、保存和打开 PCB 文件的方法

查阅相关资料,简述在 Altium Designer 绘图软件中新建、保存和打开 PCB 文件的操作方法及步骤,并通过上机操作练习新建、保存和打开数字电子钟的 PCB 文件。

四、通过导入网络表绘制数字电子钟 PCB 图

1. 利用 PCB 向导创建数字电子钟 PCB 文件,其操作步骤见表 4-3-7。

表 4-3-7 利用 PCB 向导创建数字电子钟 PCB 文件

操作步骤	操作过程	操作示意图
1	单击底部工作区面板中的"Files"标签,如右图所示,弹出 Files 控制面板	

续表

操作步骤	操作过程	操作示意图
2	在 Files 控制面板底部的_____选项组内单击_____选项，如右图所示，启动 PCB 向导界面	（从模板新建文件：PCB Templates…、Schematic Templates…、**PCB Projects…**、FPGA Projects…、Core Projects…、Embedded Projects…、PCB Board Wizard…）
3	在 PCB 板向导对话框中单击"下一步"按钮，弹出度量单位设置对话框，如右图所示。在度量单位设置对话框中，有英制（mil）和公制（mm）两种选择。两者之间的换算关系为：1 inch=___mm，1 000mil=_____inch。本例选择英制单位"mil"，单击"下一步"按钮，弹出 PCB 类型选择对话框	（PCB板向导——选择板单位：为已创建新板选择度量单位类型。如果你使用mils，单击"英制"，如果你使用millimetres，单击"公制"。⦿ 英制的(I) (I)　○ 公制的(M) (M)）

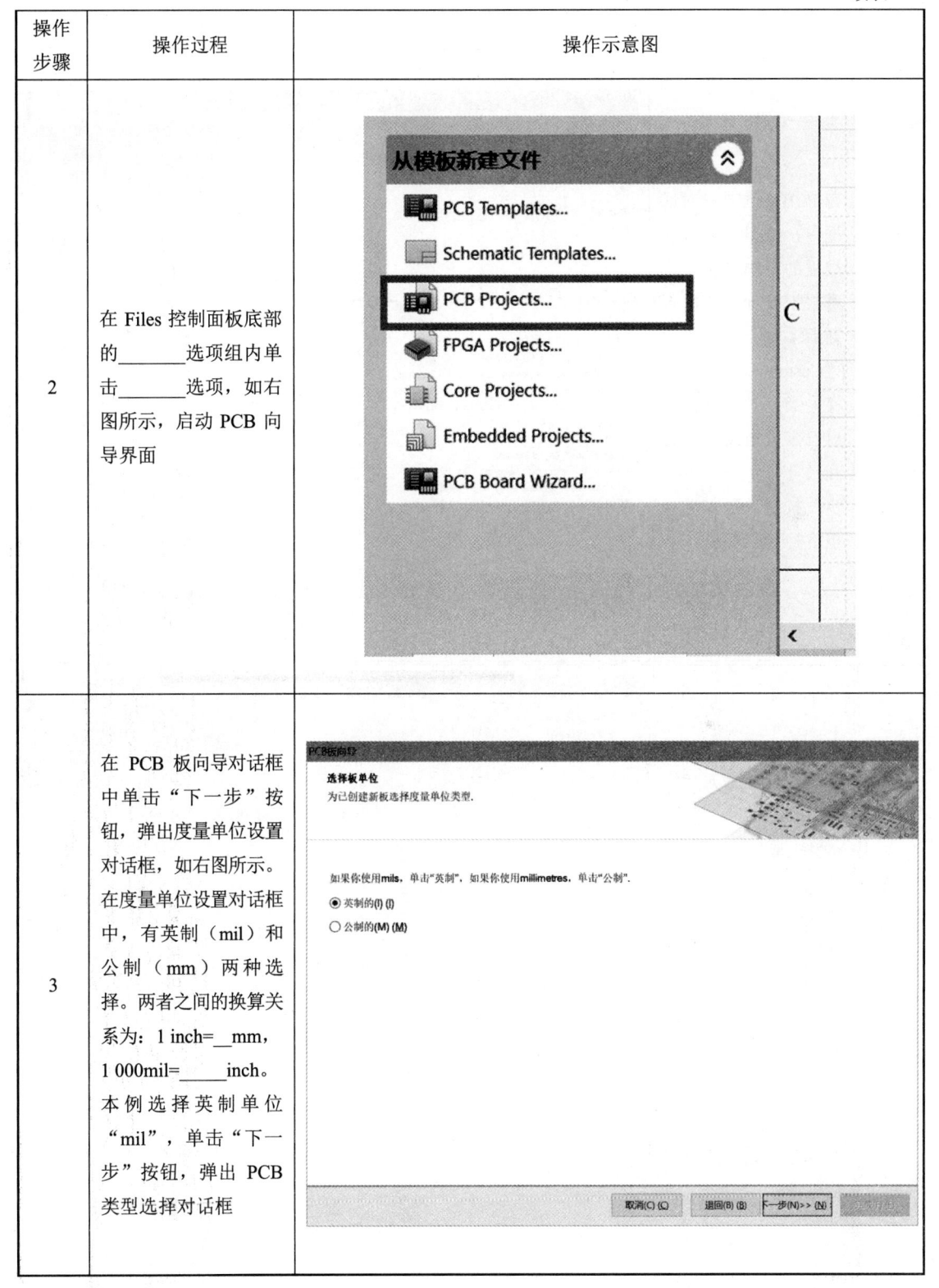

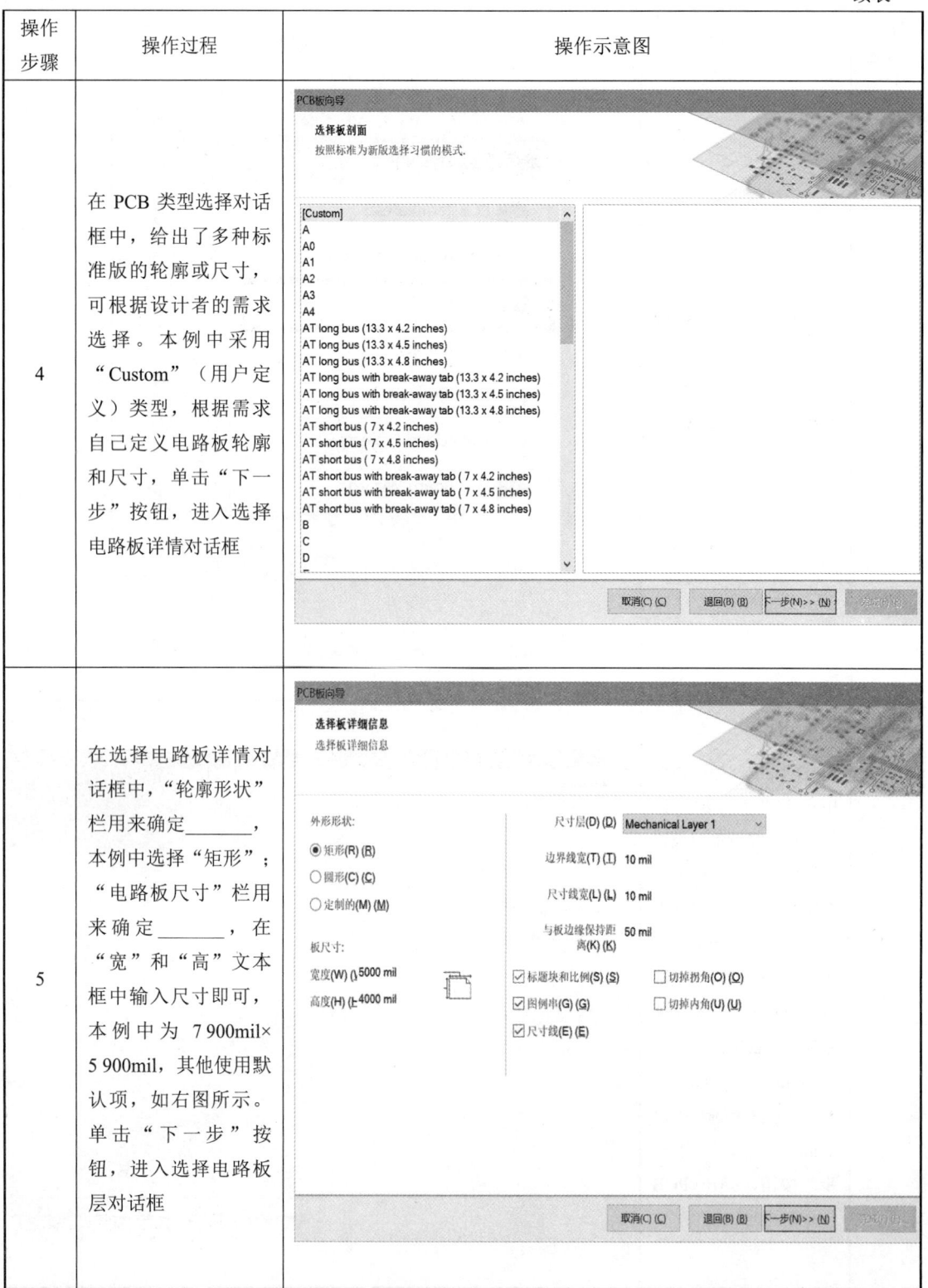

续表

操作步骤	操作过程	操作示意图
4	在 PCB 类型选择对话框中，给出了多种标准版的轮廓或尺寸，可根据设计者的需求选择。本例中采用"Custom"（用户定义）类型，根据需求自己定义电路板轮廓和尺寸，单击"下一步"按钮，进入选择电路板详情对话框	
5	在选择电路板详情对话框中，"轮廓形状"栏用来确定_____，本例中选择"矩形"；"电路板尺寸"栏用来确定_____，在"宽"和"高"文本框中输入尺寸即可，本例中为 7 900mil×5 900mil，其他使用默认项，如右图所示。单击"下一步"按钮，进入选择电路板层对话框	

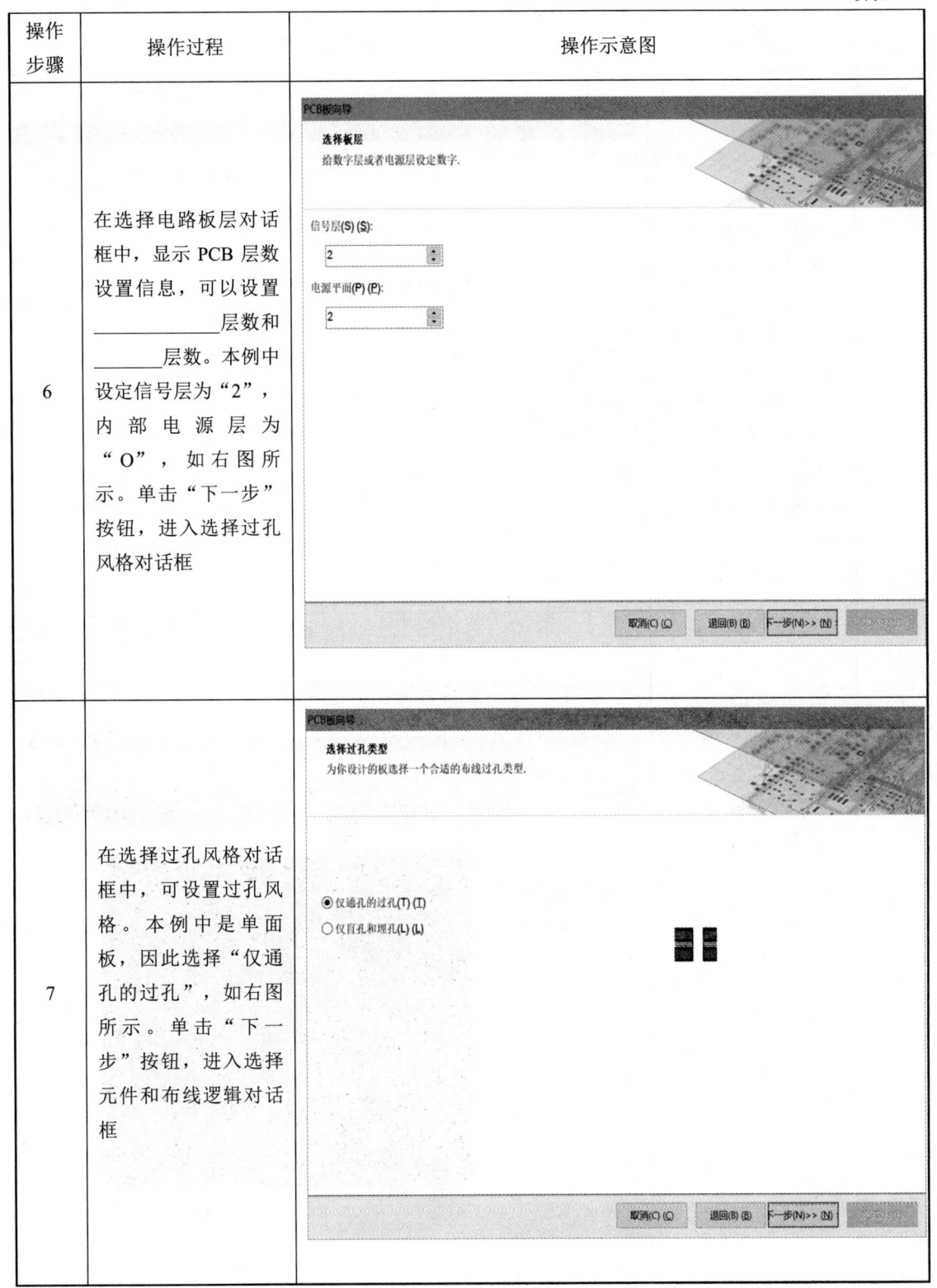

续表

操作步骤	操作过程	操作示意图
6	在选择电路板层对话框中，显示PCB层数设置信息，可以设置_____层数和_____层数。本例中设定信号层为"2"，内部电源层为"0"，如右图所示。单击"下一步"按钮，进入选择过孔风格对话框	
7	在选择过孔风格对话框中，可设置过孔风格。本例中是单面板，因此选择"仅通孔的过孔"，如右图所示。单击"下一步"按钮，进入选择元件和布线逻辑对话框	

续表

操作步骤	操作过程	操作示意图
8	在电路板向导完成对话框中,单击"完成"按钮,关闭该向导,结束PCB的创建,如右图所示。此时,Altium Designer将启动PCB编辑器,根据在向导中设置的参数或属性创建PCB文件	
9	PCB向导完成后,会在项目管理器（Projects）的自由文档（Free Documents）下新增一个名为"PCB1.PcbDoc"的自由文件,编辑器中显示一个_____和一个_____	

续表

操作步骤	操作过程	操作示意图
10	执行菜单_____命令，将新增的PCB文件重新命名，用"*.PcbDoc"表示，并选择文件保存路径，然后用鼠标将其拖入自己创建的项目中。本例的文件名为"数字电子钟.PcbDoc"	

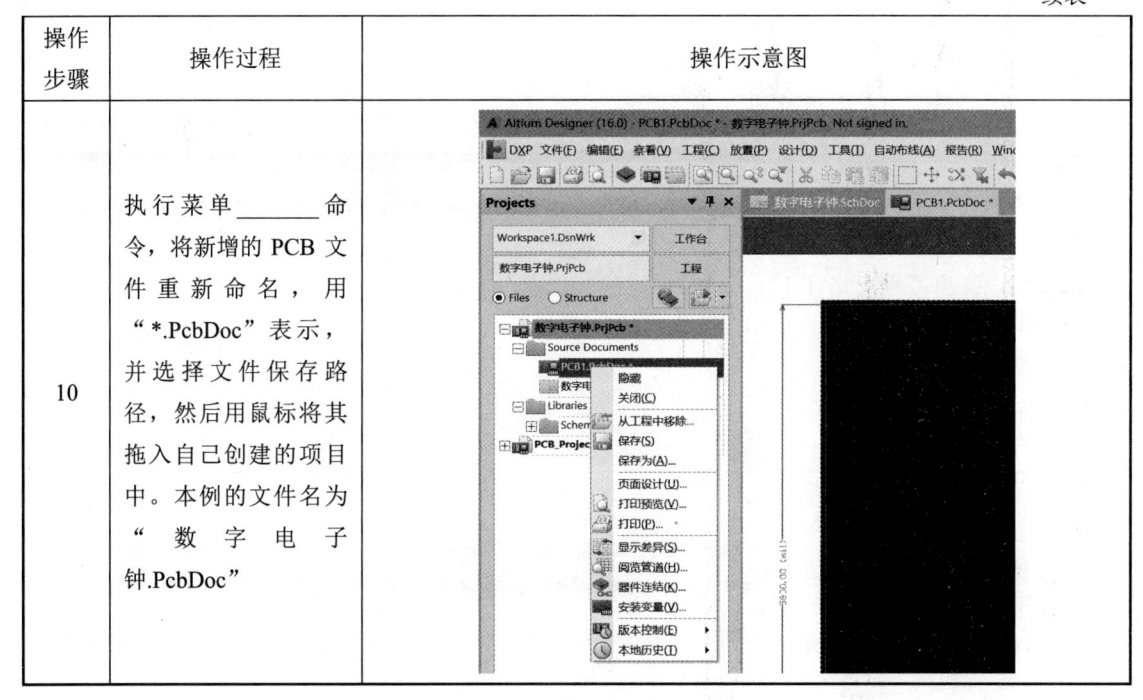

2. 载入元件、封装并导入网络表，其操作步骤见表4-3-8。

表4-3-8 载入元件及封装

操作步骤	操作过程	操作示意图
1	在PCB编辑器中选择"设计"→"Import Changes From 数字电子钟.PrjPCB"命令，弹出确认对话框，如右图所示	

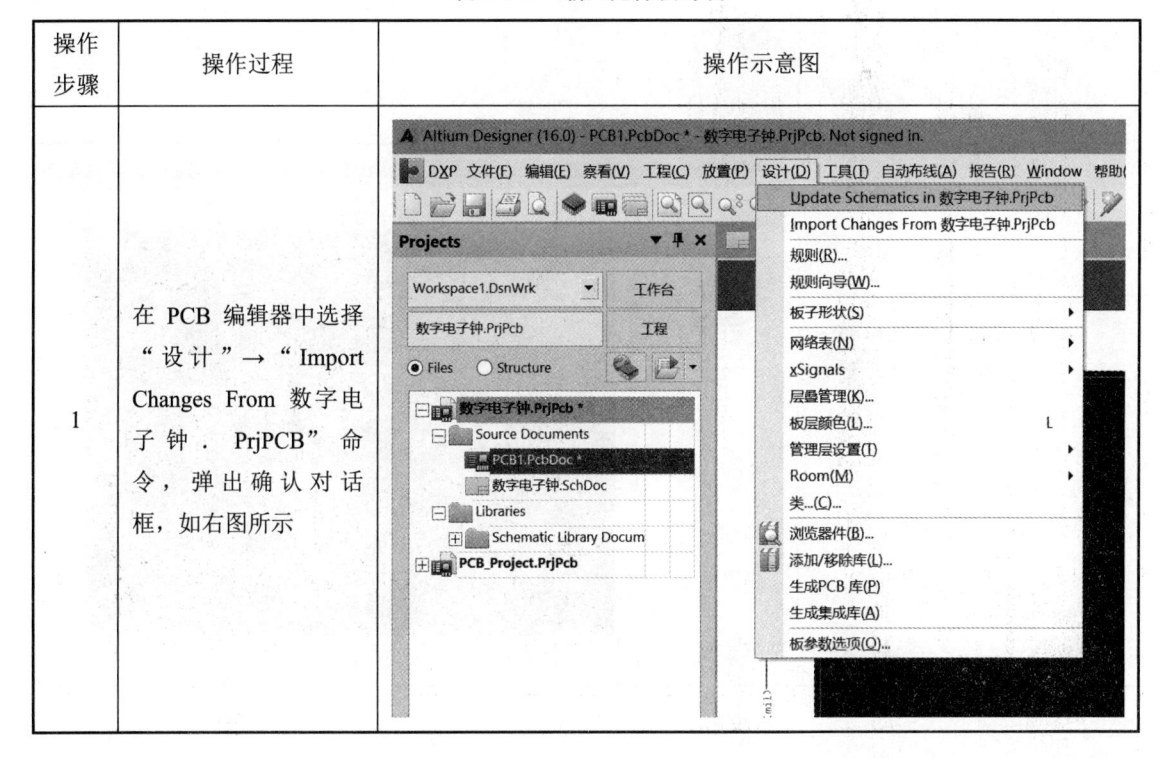

119

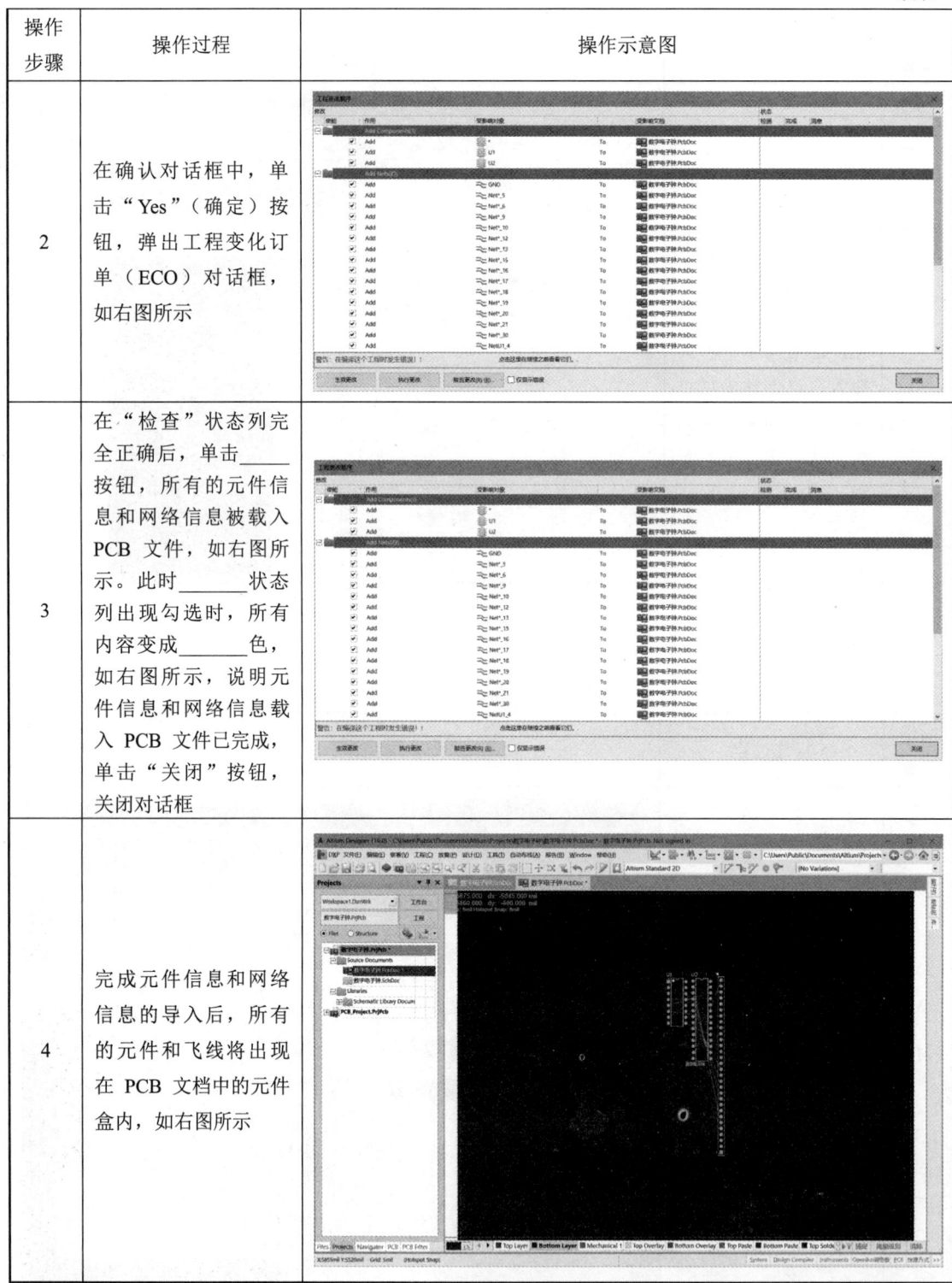

续表

操作步骤	操作过程	操作示意图
2	在确认对话框中，单击"Yes"（确定）按钮，弹出工程变化订单（ECO）对话框，如右图所示	
3	在"检查"状态列完全正确后，单击_____按钮，所有的元件信息和网络信息被载入PCB文件，如右图所示。此时_____状态列出现勾选时，所有内容变成_____色，如右图所示，说明元件信息和网络信息载入PCB文件已完成，单击"关闭"按钮，关闭对话框	
4	完成元件信息和网络信息的导入后，所有的元件和飞线将出现在PCB文档中的元件盒内，如右图所示	

3. 手动调整元件布局，其操作步骤见表 4-3-9。

表 4-3-9　手动调整元件布局

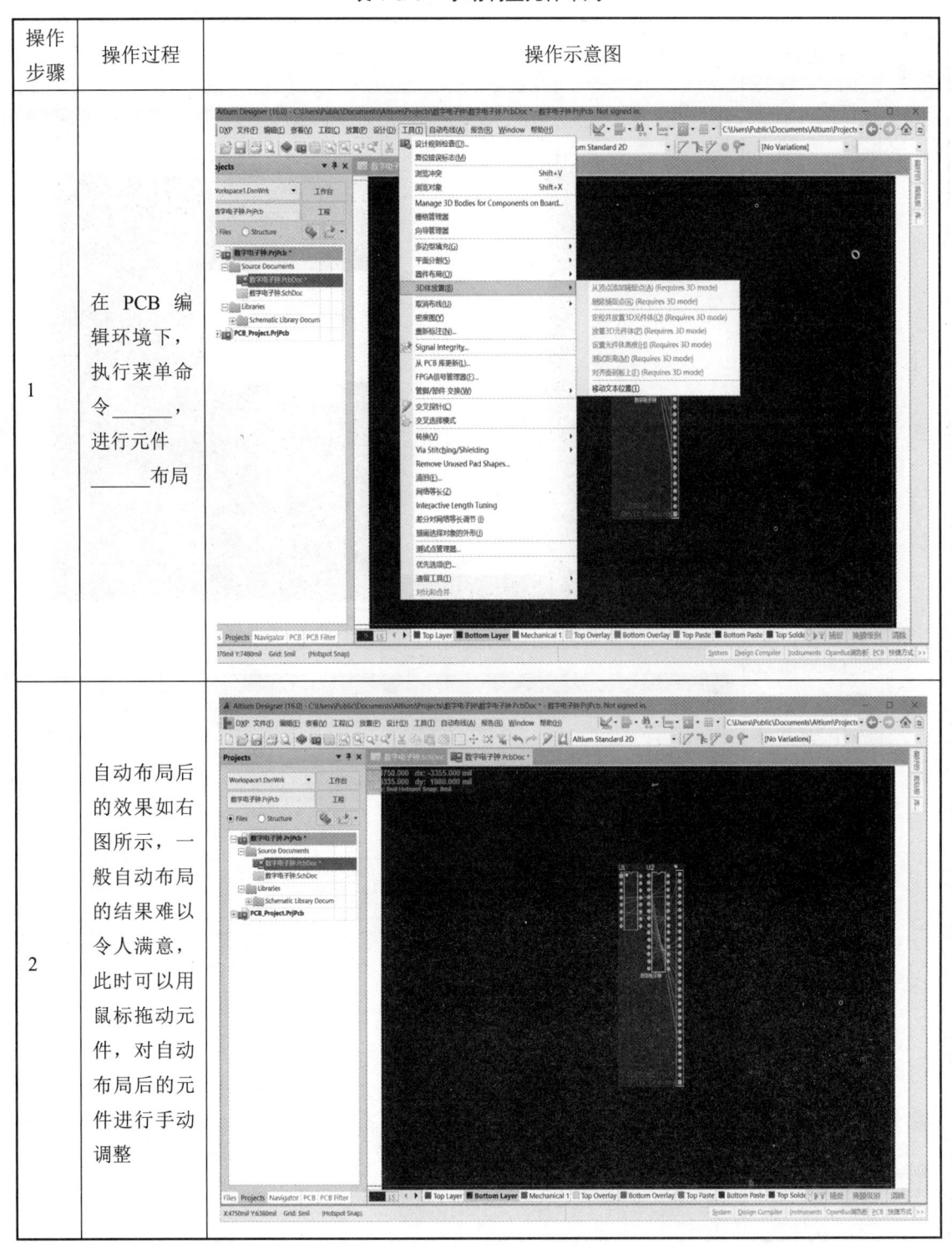

操作步骤	操作过程	操作示意图
1	在 PCB 编辑环境下，执行菜单命令_____，进行元件_____布局	
2	自动布局后的效果如右图所示，一般自动布局的结果难以令人满意，此时可以用鼠标拖动元件，对自动布局后的元件进行手动调整	

4. 自动布线，完成数字电子钟 PCB 图的绘制，其操作步骤见表 4-3-10。

表 4-3-10　自动布线

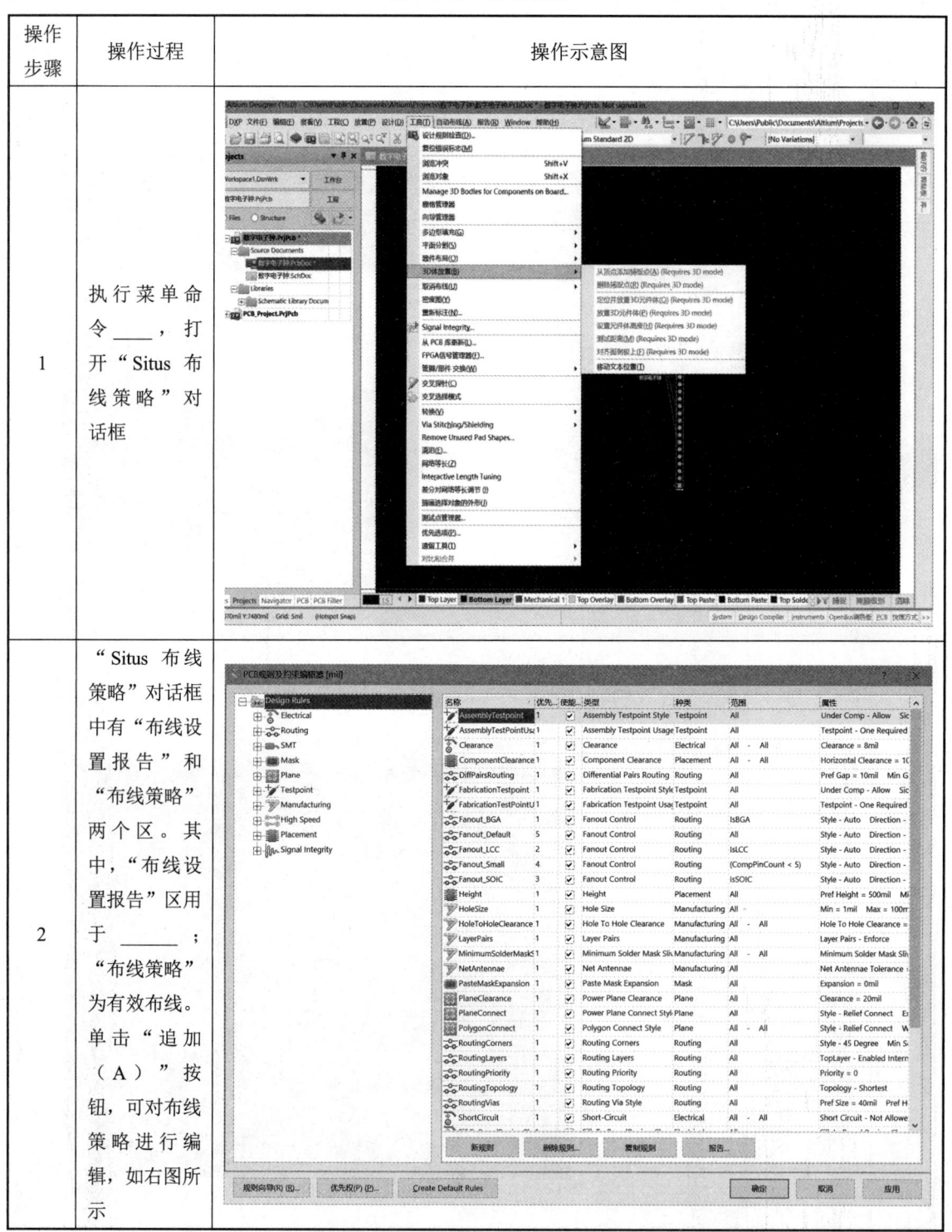

操作步骤	操作过程	操作示意图
1	执行菜单命令____，打开"Situs 布线策略"对话框	
2	"Situs 布线策略"对话框中有"布线设置报告"和"布线策略"两个区。其中，"布线设置报告"区用于____；"布线策略"为有效布线。单击"追加（A）"按钮，可对布线策略进行编辑，如右图所示	

续表

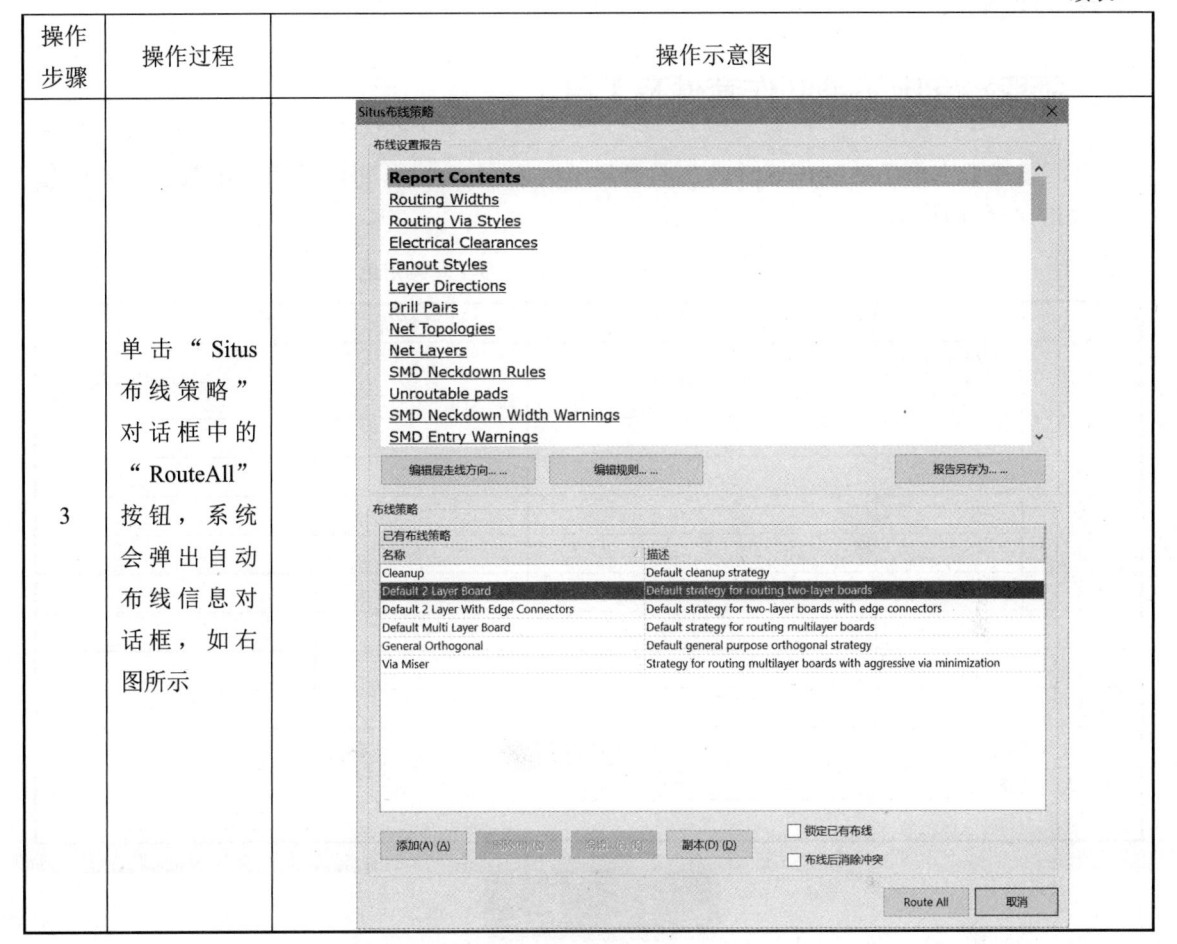

操作步骤	操作过程	操作示意图
3	单击"Situs布线策略"对话框中的"RouteAll"按钮,系统会弹出自动布线信息对话框,如右图所示	

学习活动四　数字电子钟的制作

【活动目标】

1. 能正确填写并领取制作数字电子钟所需的元器件、工具及材料。
2. 能正确识别和核对所领用的元器件、工具及材料。
3. 能检测晶振、显示屏、LM8560芯片、CD4060芯片等主要元器件。
4. 能按手工浸焊和整机装配工艺要求完成数字电子钟的制作。

【建议学时】

8学时。

【学习过程】

一、领取数字电子钟制作套件及工具

1. 填写数字电子钟制作套件及工具领用单（表 4-4-1），每组领用一组数字电子钟套件，如图 4-4-1 所示。

表 4-4-1 数字电子钟制作套件及工具领用单

任务名称			指导教师	
序号	套件及工具名称	型号及规格	数量	目测外观情况
1				
2				
3				
4				
5				
6				
7				
8				

发放人（签名）：_____
领用人（签名）：_____

年　月　日

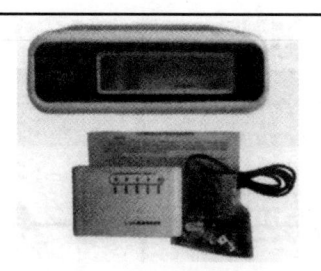

图 4-4-1 数字电子钟套件

2. 识别数字电子钟套件中各电子元器件的名称，分类清点元器件的数量，如图 4-4-2 所示，填写表 4-4-2 所列数字电子钟元器件清单。

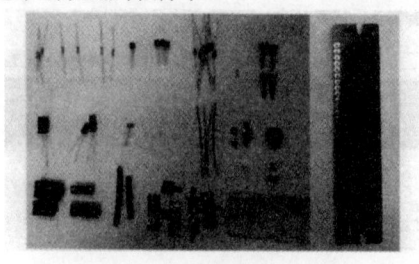

图 4-4-2 识别并清点元器件

表 4-4-2 数字电子钟元器件清单

序号	工位号	图形符号	元器件名称	型号及规格	数量	清点结果
1						
2						
3						
4						
5						
6						
7						
8						
9						
10						
11						
12						
13						
14						
15						
16						
17						
18						
19						
20						
21						
22						
23						
24						

备注：元器件型号、规格和数量清点无误后，在对应的清点结果栏处打"√"，否则打"×"

二、检测元器件

1．按照电子产品生产工艺要求，在进行元器件装配前首先要检测元器件的功能好坏（表4-4-3），并对有质量问题的元器件进行标记。

表 4-4-3　主要元器件的检测

序号	检测内容	操作示意图	操作提示
1	晶振	（a） （b）	图（a）中用万用表 R×10k 挡测晶振两端的电阻值，若为无穷大，说明晶振_____。 图（b）中用替换法在一块已装好且功能正常的数字电子钟电路板上进行功能好坏检测，检测结果是_____。 （A．好的；B．坏的）
2	FTTL-655SB 双阴极显示屏		用替换法在一块已装好且功能正常的数字电子钟电路板上进行功能好坏检测，检测结果是_____。 （A．好的；B．坏的）
3	LM8560		用替换法在一块已装好且功能正常的数字电子钟电路板上进行功能好坏检测，检测结果是_____。 （A．好的；B．坏的）

续表

序号	检测内容	操作示意图	操作提示
4	CD4060		用替换法在一块已装好且功能正常的数字电子钟电路板上进行功能好坏检测，检测结果是_____。（A．好的；B．坏的）

2．IC 及显示屏不在路内部电阻测量。在 IC 及显示屏未焊入电路时进行，用万用表 R×1k 挡测量各引脚对应于接地引脚之间的正、反向电阻值，并和完好的 IC 进行比较，判断其好坏。

（1）对集成电路 CD4060 不在路内部电阻进行检测。用 M47 型万用表 R×1k 挡测量集成电路 CD4060 不在路内部电阻数据，并填入表 4-4-4 中。测电阻时，"+"表示黑表笔接第 8 脚，红表笔测量；"-"表示红表笔接第 8 脚，黑表笔测量。

表 4-4-4 CD4060 的检测数据　　　　　　　　　　　　　　　　　　单位：Ω

项目		引出脚							
		1	2	3	4	5	6	7	8
内部电阻	+								
	-								
项目		9	10	11	12	13	14	15	16
内部电阻	+								
	-								

（2）对集成电路 LM8560 不在路内部电阻进行检测。用 M47 型万用表 R×1k 挡测量集成电路 LM8560 不在路内部电阻数据，并填入表 4-4-5 中。测电阻时，"+"表示黑表笔接第 20 脚，红表笔测量；"-"表示红表笔接第 20 脚，黑表笔测量。

表 4-4-5 LM8560 的检测数据　　　　　　　　　　　　　　　　　　单位：Ω

项目		引出脚							
		1	2	3	4	5	6	7	8
内部电阻	+								
	-								
项目		9	10	11	12	13	14	15	16
内部电阻	+								
	-								

续表

项目		引出脚							
		1	2	3	4	5	6	7	8
内部电阻	+								
	−								
项目		25	26	27	28				
内部电阻	+								
	−								

（3）对 FTTL-655SB 双阴极显示屏不在路内部电阻进行检测。用 M47 型万用表 R×1k 挡测量 FTTL-655SB 双阴极显示屏不在路内部电阻数据，并填入表 4-4-6 中。测电阻时，"+"表示黑表笔接第 28 脚，红表笔测量；"−"表示红表笔接第 28 脚，黑表笔测量。

表 4-4-6　FTTL-655SB 双阴极显示屏的检测数据　　　　　　单位：Ω

项目		引出脚							
		1	2	3	4	5	6	7	8
内部电阻	+								
	−								
项目		9	10	11	12	13	14	15	16
内部电阻	+								
	−								
项目		17	18	19	20	21	22	23	24
内部电阻	+								
	−								
项目		25	26	27	28	29	30		
内部电阻	+								
	−								

三、按手工浸焊和整机装配工艺要求完成数字电子钟产品的制作

1．浸焊是将预先插装好元器件的印制电路板在熔化的锡槽内浸焊，一次完成印制电路板多个焊接点的焊接方法。它是最早应用在电子产品批量生产中的焊接方法，消除了手工焊接的漏焊现象，提高了焊接效率。浸焊一般有手工浸焊和机器自动浸焊两种方法。查阅相关资料，简述手工浸焊和机器自动浸焊的不同。

2. 手工浸焊前需准备好各种材料，如焊锡、浸焊机、电路板、元器件、斜口钳等。查阅相关资料，简述浸焊机的使用方法和注意事项。

3. 结合图 4-4-3，查阅相关资料，简述手工浸焊的工艺流程和具体操作内容。

锡槽加热 → 插好元器件的印制电路板的处理 → 浸焊 → 冷却 → 焊点检查 → 清洗

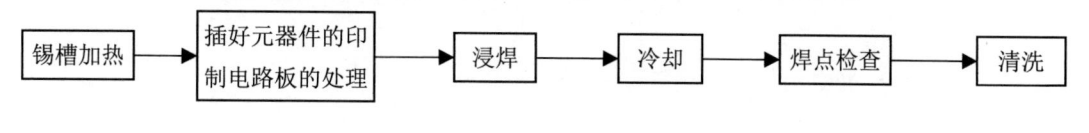

图 4-4-3　手工浸焊的工艺流程

4. 查阅相关资料，简述手工浸焊的工艺要求和注意事项。

5. 整机装配即按整机的装接工序安排，把各种电子元器件及结构件装连在电路板、机壳、面板等指定位置上，组装成具有一定功能的完整电子产品。查阅相关资料，简述整机装配工艺的基本要求。

6. 整机装配。
（1）根据手工浸焊和整机装配工艺要求，补全图 4-4-4 所示数字电子钟整机装配工艺流程图。

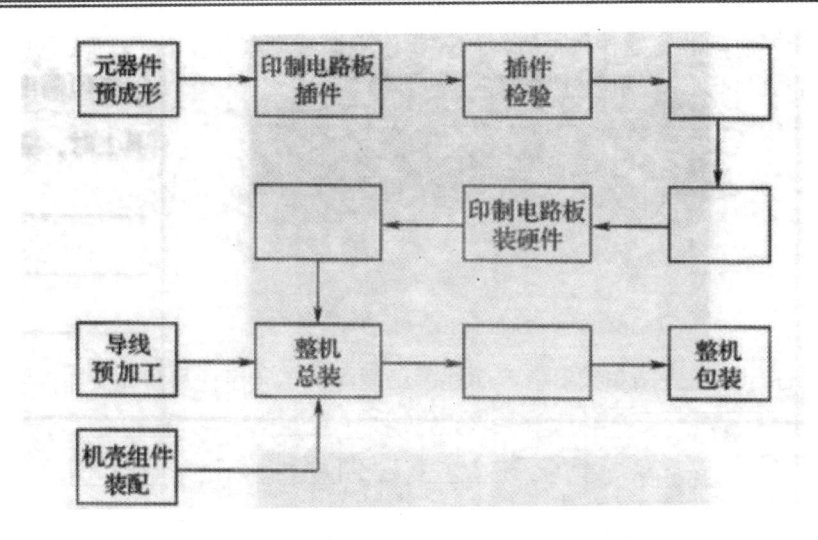

图 4-4-4 数字电子钟整机装配工艺流程图

（2）按印制电路板工艺要求和表 4-4-7 所列操作步骤完成数字电子钟电路板的插装与手工焊接，并将表 4-4-7 中的操作提示补充完整。

表 4-4-7 电路板的插装与手工焊接

序号	操作步骤	操作示意图	操作提示
1	插装、焊接电阻器		根据印制电路板中元器件的_____来整形
2	插装、焊接二极管		电子元器件安装的原则是_____

续表

序号	操作步骤	操作示意图	操作提示
3	插装、焊接电容器		
4	插装、焊接三极管、晶振		
5	插装、焊接CD4060和LM8560芯片		
6	插装、焊接按键开关、自锁开关		

(3) 印制电路板装硬件。

①按表 4-4-8 所列操作步骤进行蜂鸣器组件的装配及连接，并将表 4-4-8 中的操作提示补充完整。

表 4-4-8 蜂鸣器组件的装配及连接

序号	操作步骤	操作示意图	操作提示
1	管脚引线		管脚引线时，应注意_____
2	套热缩套管		套热缩套管时，应注意_____
3	组件连接		连接印制电路板与蜂鸣器组件时，应注意_____

②按表 4-4-9 所列操作步骤进行印制电路板、排线与 LED 屏间的装配及连接，并将表 4-4-9 中的操作提示补充完整。

表 4-4-9　印制电路板、排线与 LED 屏间的装配及连接

操作步骤	操作示意图	操作提示
		进行印制电路板、排线、LED 屏间的装配及连接时，应注意_____

（4）机壳及组件的装配。

①按表 4-4-10 所列操作步骤进行机壳上电池夹的装配，并将表 4-4-10 中的操作提示补充完整。

表 4-4-10　机壳上电池夹的装配

序号	操作步骤	操作示意图	操作提示
1	电池夹正负极引线		电池夹正负极引线时，应注意_____
2	电池夹装配		电池夹装配时，应注意_____

续表

序号	操作步骤	操作示意图	操作提示
3	电池夹正负极套热缩套管		电池夹正负极套热缩套管时，应注意_____

②按表 4-4-11 所列操作步骤进行变压器组件的装配，并将表 4-4-11 中的操作提示补充完整。

表 4-4-11 变压器组件的装配

序号	操作步骤	操作示意图	操作提示
1	电源线剥线		电源线剥线时，应注意_____
2	变压器初级的判别		变压器初级判别时，应注意_____
3	变压器与电源线的连接		变压器与电源线连接时，应注意_____

（5）按表 4-4-12 所列操作步骤完成数字电子钟整机的装配，并将表 4-4-12 中的操作提示补充完整。

表 4-4-12　数字电子钟整机的装配

序号	操作步骤	操作示意图	操作提示
1	变压器的安装		变压器安装时，应注意_____
2	变压器次级的连接		变压器次级连接时，应注意_____
3	蜂鸣器的固定		蜂鸣器固定时，应注意_____
4	基板的固定		基板的固定时，应注意_____

续表

序号	操作步骤	操作示意图	操作提示
5	电源线的绑扎		电源线绑扎时，应注意_____
6	显示屏的固定		显示屏的固定时，应注意_____
7	盖机壳		盖机壳时，应注意_____
8	贴铭牌		贴铭牌时，应注意_____

【评价与分析】

根据每个小组成员在本活动学习过程中的表现情况填写"学习任务过程性考核记录表"。

学习活动五　数字电子钟的调试与验收

【活动目标】

1. 能正确连接电源，通电验证数字电子钟的计时和校时功能。
2. 能根据故障现象，用万用表或示波器测试关键点的电气参数，找出故障原因并排除故障。
3. 能按照验收标准完成数字电子钟的验收，并填写数字电子钟交付清单。
4. 能按生产现场管理 6S 标准对生产现场进行管理。

【建议学时】

4 学时。

【学习过程】

一、在路测试

1. 电源电压的测量

测试前，应对数字电子钟整机进行全面检查，主要应检查元器件的引脚和极性有无接错，焊点有无虚焊、漏焊、连焊，连接线有无脱落和裸露等。

（1）电源变压器次级输出电压的测量。如图 4-5-1 所示，用 M47 型万用表交流挡对电源变压器次级输出电压进行测量，并将测量数据填入表 4-5-1 中。

图 4-5-1　电源变压器次级输出电压的测量

表 4-5-1　电源变压器次级输出电压测量表

项目	变压器次级输出测试点
交流电压（V）	

(2) 电源电路直流输出电压及纹波测量。

①用 M47 型万用表直流挡对图 4-5-2 中的测试点进行测量,并将测量数据填入表 4-5-2 中。

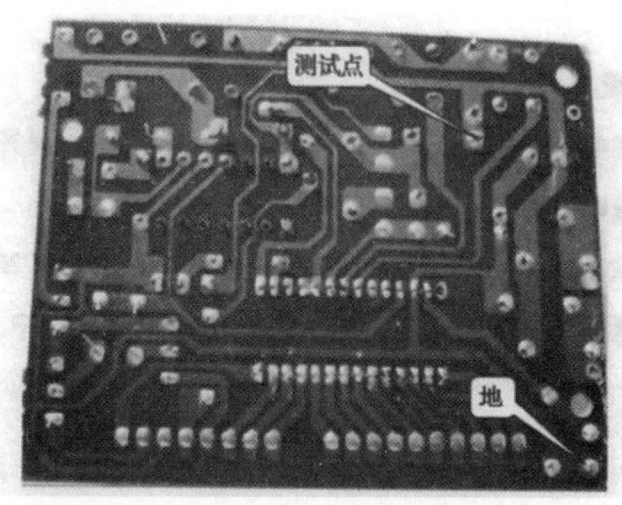

图 4-5-2　电源电路直流输出电压及纹波测量

②将图 4-5-2 中测试点直流输出电压输入到 YB2173 型交流毫伏表测试通道中,测量直流输出电压中所含纹波电压,并将测量数据填入表 4-5-2 中。

③计算出直流输出电压的纹波系数,并填入表 4-5-2 中。

表 4-5-2　电源电路直流输出电压及纹波测量表

项目	电源电路直流输出电源测试点
直流输出电压（V）	
纹波电压（mV）	
纹波系数	

2. 在路电阻的测试

(1) 对集成电路 CD4060 不在路内部电阻进行检测。用 M47 型万用表 R×1k 挡测量集成电路 CD4060 不在路内部电阻数据，并填入表 4-5-3 中。测电阻时，"+"表示黑表笔接第 8 脚，红表笔测量；"-"表示红表笔接第 8 脚，黑表笔测量。

表 4-5-3　CD4060 的检测数据　　　　　　　　　　　　　　单位：Ω

项目		引出脚							
		1	2	3	4	5	6	7	8
内部电阻	+								
	−								
项目		9	10	11	12	13	14	15	16
内部电阻	+								
	−								

(2) 对集成电路 LM8560 不在路内部电阻进行检测。用 M47 型万用表 R×1k 挡测量集成电路 LM8560 不在路内部电阻数据，并填入表 4-5-4 中。测电阻时，"+"表示黑表笔接第 20 脚，红表笔测量；"-"表示红表笔接第 20 脚，黑表笔测量。

表 4-5-4　LM8560 的检测数据　　　　　　　　　　　　　　单位：Ω

项目		引出脚							
		1	2	3	4	5	6	7	8
内部电阻	+								
	−								
项目		9	10	11	12	13	14	15	16
内部电阻	+								
	−								
项目		17	18	19	20	21	22	23	24
内部电阻	+								
	−								
项目		25	26	27	28				
内部电阻	+								
	−								

(3) 对 FTTL-655SB 双阴极显示屏不在路内部电阻进行检测。用 M47 型万用表 R×1k 挡测量 FTTL-655SB 双阴极显示屏不在路内部电阻数据，并填入表 4-5-5 中。测电阻时，"+"表示黑表笔接第 28 脚，红表笔测量；"-"表示红表笔接第 28 脚，黑表笔测量。

表 4-5-5　FTTL-655SB 双阴极显示屏的检测数据　　　　　　　　　单位：Ω

项目		引出脚							
		1	2	3	4	5	6	7	8
内部电阻	+								
	−								
项目		9	10	11	12	13	14	15	16
内部电阻	+								
	−								
项目		17	18	19	20	21	22	23	24
内部电阻	+								
	−								
项目		25	26	27	28	29	30		
内部电阻	+								
	−								

3．在路电压的测试

（1）对集成电路 CD4060 不在路内部电压进行检测。用 M47 型万用表电压挡测量集成电路 CD4060 不在路内部电压数据，并填入表 4-5-6 中。测电压时，"+"表示黑表笔接第 8 脚，红表笔测量；"−"表示红表笔接第 8 脚，黑表笔测量。

表 4-5-6　CD4060 的检测数据　　　　　　　　　单位：V

项目		引出脚							
		1	2	3	4	5	6	7	8
内部电阻	+								
	−								
项目		9	10	11	12	13	14	15	16
内部电阻	+								
	−								

(2) 对集成电路 LM8560 不在路内部电压进行检测。用 M47 型万用表电压挡测量集成电路 LM8560 不在路内部电压数据,并填入表 4-5-7 中。测电压时,"+"表示黑表笔接第 20 脚,红表笔测量;"-"表示红表笔接第 20 脚,黑表笔测量。

表 4-5-7 LM8560 的检测数据　　　　　　　　　　　　单位:V

项目		引出脚						
		1	2	3	4	5	6	7	8
内部电阻	+								
	-								
项目		9	10	11	12	13	14	15	16
内部电阻	+								
	-								
项目		17	18	19	20	21	22	23	24
内部电阻	+								
	-								
项目		25	26	27	28				
内部电阻	+								
	-								

(3) 对 FTTL-655SB 双阴极显示屏不在路内部电压进行检测。用 M47 型万用表电压挡测量 FTTL-655SB 双阴极显示屏不在路内部电压数据,并填入表 4-5-8 中。测电压时,"+"表示黑表笔接第 28 脚,红表笔测量;"-"表示红表笔接第 28 脚,黑表笔测量。

表 4-5-8 FTTL-655SB 双阴极显示屏的检测数据　　　　　单位:V

项目		引出脚						
		1	2	3	4	5	6	7	8
内部电阻	+								
	-								
项目		9	10	11	12	13	14	15	16
内部电阻	+								
	-								
项目		17	18	19	20	21	22	23	24
内部电阻	+								
	-								
项目		25	26	27	28	29	30		
内部电阻	+								
	-								

二、波形测试

用示波器检测 IC2（CD4060）第 13 脚的输出时钟脉冲波形，在表 4-5-9 中画出波形图，并计算出脉冲波形的频率。

表 4-5-9 波形测量表

波形	示波器参数	
	时间挡位： 幅度挡位： 峰-峰值：	频率： 周期： 有效值：

三、功能测试

按表 4-5-10 所列测试步骤完成数字电子钟的功能测试，并将观察结果记录在表 4-5-10 中。

表 4-5-10 数字电子钟的功能测试

序号	测试步骤	操作示意图	观察结果
1	接通电源		
2	按下闹铃开关键 K1，使闹铃开关处于关闭状态		

续表

序号	测试步骤	操作示意图	观察结果
3	调时钟步骤一：按下调时键 3s 不放，同时不断按动小时键 S1，调整小时数		
4	调时钟步骤二：按下调时键 S3 不放，同时不断按动分钟键 S2，调整分钟数		
5	设定报警时间：按下定时键 S4 不放，同时不断按动小时键 S1、分钟键 S2，设定闹铃时间		
6	启动报警时间：再次按下闹铃开关键 K1，使闹铃开关处于启动状态		
7	报警		

143

续表

序号	测试步骤	操作示意图	观察结果
8	去除报警：再次按下闹铃开关键 K1，使闹铃开关处于关闭状		

四、故障分析与排除

若数字电子钟显示屏所显示的数码不完整或不显示，其故障原因可能是什么？应如何排除？（提示：用万用表直流电压挡分别测试 LM8560、CD4060、显示屏各脚电压，并用示波器测试 LM8560 的 25 脚或 CD4060 的 13 脚的波形，通过与功能正常的数字电子钟的相关参数进行比较找出故障原因）

五、交付验收

1. 按表 4-5-11 所示数字电子钟验收标准进行验收并评分。

表 4-5-11　数字电子钟验收评分表

序号	验收项目	验收标准	配分（分）	客户评分	备注
1	元器件安装	符合 PCB 板元器件工位要求，布局合理，电阻器的色序与字向一致，二极管、电容器、三极管无极性错误，IC 芯片、电位器安装无方向错误，无少装现象。不合格，每处扣 1 分	20		
2	元器件焊接	焊点圆润、光滑，焊接时间恰当，成形好，无毛刺、无拉尖、无虚焊、漏焊以及损坏元器件和焊盘现象。不合格，每处扣 1 分	20		
3	整机装配质量	变压器、显示屏、电池等安装正确，电源导线与电路连接正确，无极性错误，外观整洁、美观。不合格，每处扣 2 分	20		
4	整机功能测试	通电后，数字显示、调时、定时和报警功能正常。不合格，每处扣 5 分	20		
5	数字电子钟调试	能正确使用仪器仪表测试电路中关键点的电气参数，能排除简单故障，能在学习和工作中正确使用数字电子钟。不合格，每处扣 5 分	20		
	客户对数字电子钟的验收评价成绩				

2. 记录验收过程中存在的问题，小组讨论解决问题的方法，并填入表 4-5-12 中。

表 4-5-12　验收过程问题记录表

序号	验收中存在的问题	改进和完善措施	完成时间	备注
1				
2				
3				
4				

3. 数字电子钟验收结束后，整理材料和工具，归还领用物品，并填写九路彩色流水灯交付清单，见表 4-5-13。

表 4-5-13　数字电子钟交付清单

任务名称				接单日期	
工作地点				交付日期	
三方评价结果（百分制）	自我评价	小组评价	客户评价	验收结论（百分制）	
材料及工具归还清单					
序号	材料及工具名称	型号及规格		数量	备注
1					
2					
3					
4					
5					
6					
7					
8					
客户或负责人（签名）　　　　　　　年　月　日				团队负责人（签字）　　年　月　日	

六、整理工作现场

按生产现场管理 6S 标准整理工作现场，清除作业垃圾，关闭现场电源，经指导教师检查合格后方可离开工作现场。

【评价与分析】

根据每个小组成员在本活动学习过程中的表现情况填写"学习任务过程性考核记录表"。

学习活动六　工作总结与评价

【活动目标】

1. 能按分组情况，选派代表展示本组工作成果，并进行自评和互评。
2. 能代表所在学习小组，写一篇用时 3min 的获奖感言。
3. 能结合任务完成情况，正确规范地撰写工作总结（心得体会）。
4. 能对本任务中出现的问题进行分析，并提出以后的改进措施和办法。

【建议学时】

4 学时。

【学习过程】

一、个人、小组评价

1. 以小组为单位，选择演示文稿、展板、海报、视频等形式中的一种或几种，向全班展示、汇报制作成果。在展示的过程中，以小组为单位进行评价；评价完成后，根据其他小组成员对本组展示成果的评价意见进行归纳总结。

2. 假如你所在的小组在本次学习任务中被评为"最佳团队"，试代表本小组写一篇用时 3 min 的获奖感言。

二、教师评价

认真听取教师对本小组展示成果优缺点以及在任务完成过程中出现的亮点和不足的评价意见，并做好记录。

1. 教师对本小组展示成果优点的点评。
2. 教师对本小组展示成果缺点以及改进方法的点评。
3. 教师对本小组在整个任务完成过程中出现的亮点和不足的点评。

三、工作过程回顾及总结

1. 总结完成数字电子钟制作与调试任务过程中遇到的问题和困难，列举 2~3 点你认为比较值得和其他同学分享的工作经验。

2. 回顾本学习任务的工作过程，对新学专业知识和技能进行归纳和整理，在计算机上写一篇字数不少于 800 字的工作总结，并打印成稿粘贴在下面的空白处。

【评价与分析】

按照客观、公正和公平原则，在教师的指导下按自我评价、小组评价和教师评价三种方式对自己或他人在本学习任务中的表现进行综合评价。综合等级按 A（90~100）、B（75~89）、C（60~74）、D（0~59）四个级别进行填写，见表4-6-1。

表4-6-1 学习任务综合评价表

考核项目	评价内容	配分（分）	自我评价	小组评价	教师评价
职业素养	劳动保护用品穿戴完备，仪容仪表符合工作要求	5			
	安全意识、责任意识、服从意识强	6			
	积极参加教学活动，按时完成各项学习任务	6			
	团队合作意识强，善于与人交流和沟通	6			
	自觉遵守劳动纪律，尊敬师长、团结同学	6			
	爱护公物、节约材料，管理现场符合6S标准	6			
专业能力	专业知识扎实，有较强的自学能力	10			
	操作积极、训练刻苦，具有一定的动手能力	15			
	技能操作规范，注重安装工艺，工作效率高	10			
工作成果	产品制作符合工艺规范，产品功能满足要求	20			
	工作总结符合要求，产品制作质量高	10			
总分		100			
总评	自我评价×20%+小组评价×20%+教师评价×60%=	综合等级	教师（签名）：		

学习任务五　八路抢答器制作与调试

【任务目标】

1. 能根据工作情境描述明确工作任务，填写八路抢答器制作与调试工作单。
2. 能识别抢答器的常见类型，并正确描述其组成结构和应用场合。
3. 能根据任务要求，合理制订制作与调试八路抢答器的工作计划。
4. 能识读八路抢答器电路原理图，列出所需元器件清单，并制定制作与调试八路抢答器的工作方案。
5. 能用 Altium Designer 绘图软件绘制八路抢答器的电路原理图和 PCB 图。
6. 能描述印制电路板的制作工艺与质量检验标准等，并能按照印制电路板制作工艺及流程将八路抢答器 PCB 图转化成 PCB 板。
7. 能根据任务需要准备装配工具和仪表，领用、核对所需元器件，识别并检测 CD4511 集成芯片、数码管等主要元器件。
8. 能按 PCB 图和工艺文件要求、电子作业安全规范完成八路抢答器印制电路板的装配。
9. 能按照安全操作规程，完成八路抢答器的整机组装，并验证其抢答功能。
10. 能用电子仪器仪表测试八路抢答器各关键点的电气性能参数。
11. 能按八路抢答器的验收标准，完成八路抢答器的验收工作，并对其制作过程进行总结、评价和成果展示。
12. 能按生产现场管理 6S 标准，清理现场垃圾并整理现场。

【建议学时】

54 学时。

【工作情境描述】

某校学工处在第二届科技文化艺术节中准备组织一场百科知识抢答赛，现需要电子班同学在电子产品制作车间按指定电路图制作并调试好 6 套八路抢答器，如图 5-0-1 所示，工期为 9 天。八路抢答器的工作要求为：当抢答器电源接通时，七段数码管显示为 0；当主持人允许抢答后，谁最先按下抢答键则数码管显示该选手的号码并发出蜂鸣声加以提示，此时其余人按键无效；问题回答完毕，主持人按下复位键，数码管清零，回到初始状态，进入下一轮抢答。抢答器制作完毕后交付教师验收并使用。提供的物料有：八路抢答器套件 6 套、打印机 1 台、热转印机 1 台、手工裁板机 1 台及辅助材料若干。

学习任务五　八路抢答器制作与调试

图 5-0-1　八路抢答器

【工作流程与活动】

1. 明确工作任务，认知八路抢答器（4 学时）。
2. 识读八路抢答器电路原理图，制定工作方案（6 学时）。
3. 绘制八路抢答器电路原理图和 PCB 图（12 学时）。
4. 八路抢答器的制作（20 学时）。
5. 八路抢答器的调试与验收（8 学时）。
6. 工作总结与评价（4 学时）。

学习活动一　明确工作任务，认知八路抢答器

【活动目标】

1. 能根据工作情境描述，正确填写工作单。
2. 能识别抢答器的常见类型，并能描述其组成结构和应用场合。
3. 能根据任务要求，合理制订制作与调试八路抢答器的工作计划。

【建议学时】

4 学时。

【学习过程】

一、填写工作单

阅读工作情境描述及相关资料，根据实际情况填写表 5-1-1 所列工作单。

表 5-1-1　八路抢答器制作与调试工作单

任务名称		接单日期	
工作地点		任务周期	
工作内容			
提供物料			
产品要求			
客户姓名		联系电话		验收日期	
团队负责人姓名		联系电话		团队名称	
备注			

二、认知八路抢答器

抢答器是根据抢答者所处位置的指示灯显示、语音提醒、警报显示等准确、公正、直观地判断出谁是最先获得抢答权的机器，常用于各类竞赛中，如图 5-1-1 所示。查阅相关资料，回答下列问题。

图 5-1-1　知识竞赛现场

1. 抢答器有哪些常见类型？

2. 电子抢答器与智能抢答器的主要区别是什么？

3. 观察图 5-1-2 和图 5-1-3，将各自所属的抢答器类型名称及应用场合填写在下面的横线上。

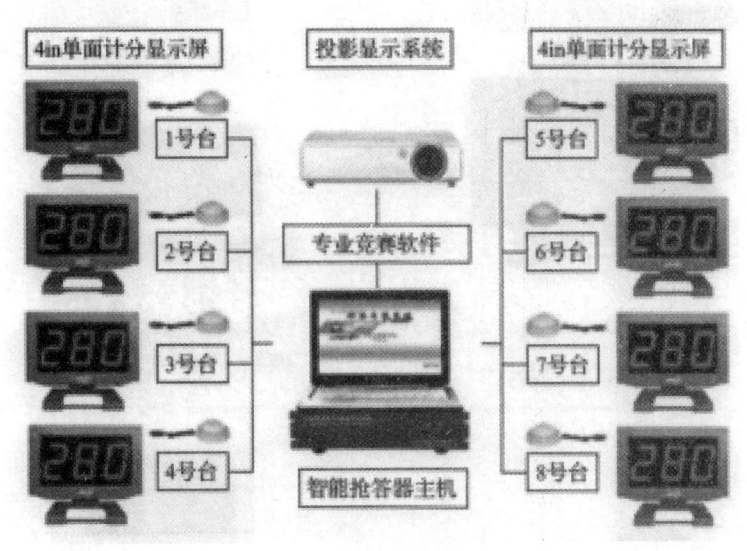

图 5-1-2　抢答器类型 1

类型名称：_____　　应用场合：_____

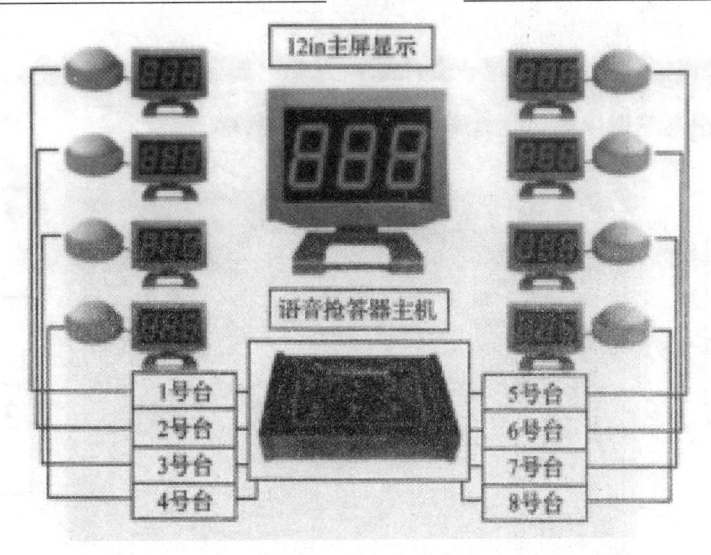

图 5-1-3　抢答器类型 2

类型名称：_____　　应用场合：_____

4. 不同类型抢答器的组成结构虽有所不同，但大多主要由抢答控制主机、主机显示屏、抢答按钮、选手计分显示屏四个部分组成。仔细观察图 5-1-4，写出各对应部件的名称以及该部件的功能。

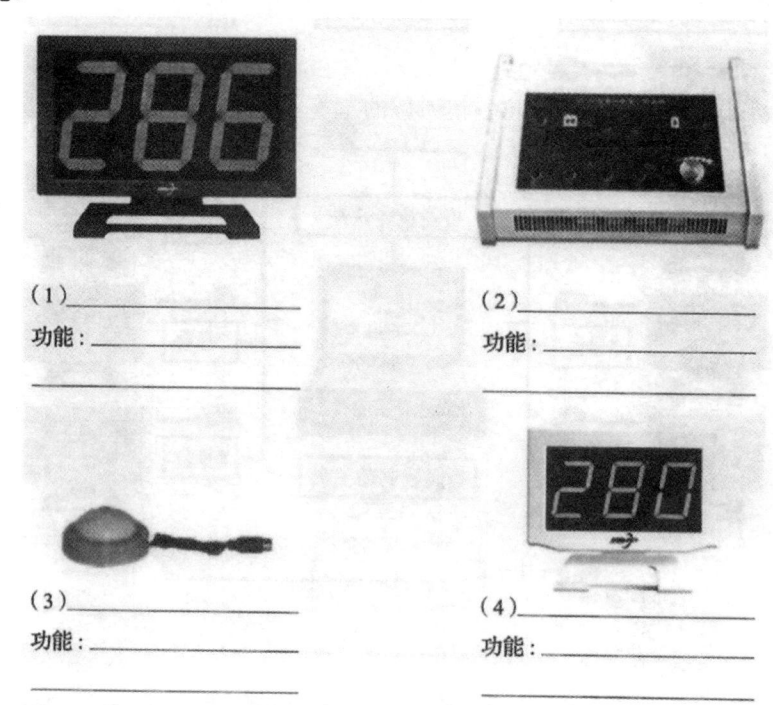

（1）_____
功能：_____

（2）_____
功能：_____

（3）_____
功能：_____

（4）_____
功能：_____

图 5-1-4　电子抢答器组成部件

5. 本任务将模拟真实产品制作一套八路抢答器，如图 5-1-5 所示。试结合电子抢答器组成结构，写出图 5-1-5 中重点标注部分对应的部件名称。

图 5-1-5　八路抢答器组成结构

三、制订工作计划

查阅相关资料，了解电子产品制作与调试的基本步骤，根据任务要求，制订本小组的工作计划，并填入表 5-1-2 中。

表 5-1-2　八路抢答器制作与调试工作计划表

团队名称		团队编号		任务名称		任务起止日期		
步骤	计划名称	工作内容			预计施工日期	预计工时	备注
1							
2							
3							
4							
5							
6							
教师审核意见： 教师（签名）：　　　　　　　　　　制订计划人（签名）： 　　　　　　　　　　　　　　　　　　　　　　　　年　月　日								

【评价与分析】

根据每个小组成员在本活动学习过程中的表现情况填写"学习任务过程性考核记录表"。

学习活动二　识读八路抢答器电路原理图，制定工作方案

【活动目标】

1. 能识读八路抢答器电路原理图，列出制作八路抢答器所需的主要元器件清单。
2. 能描述七段数码管、CD4511 芯片的引脚功能及工作原理。
3. 能分析八路抢答器电路原理图，完善电路方框图，并简述其工作过程。
4. 能合理分工，制定并展示制作八路抢答器的工作方案。

【建议学时】

6 学时。

【学习过程】

一、识读八路抢答器电路原理图

1. 识读图 5-2-1 所示八路抢答器电路原理图,列出制作八路抢答器所需的元器件,并填入表 5-2-1 中。

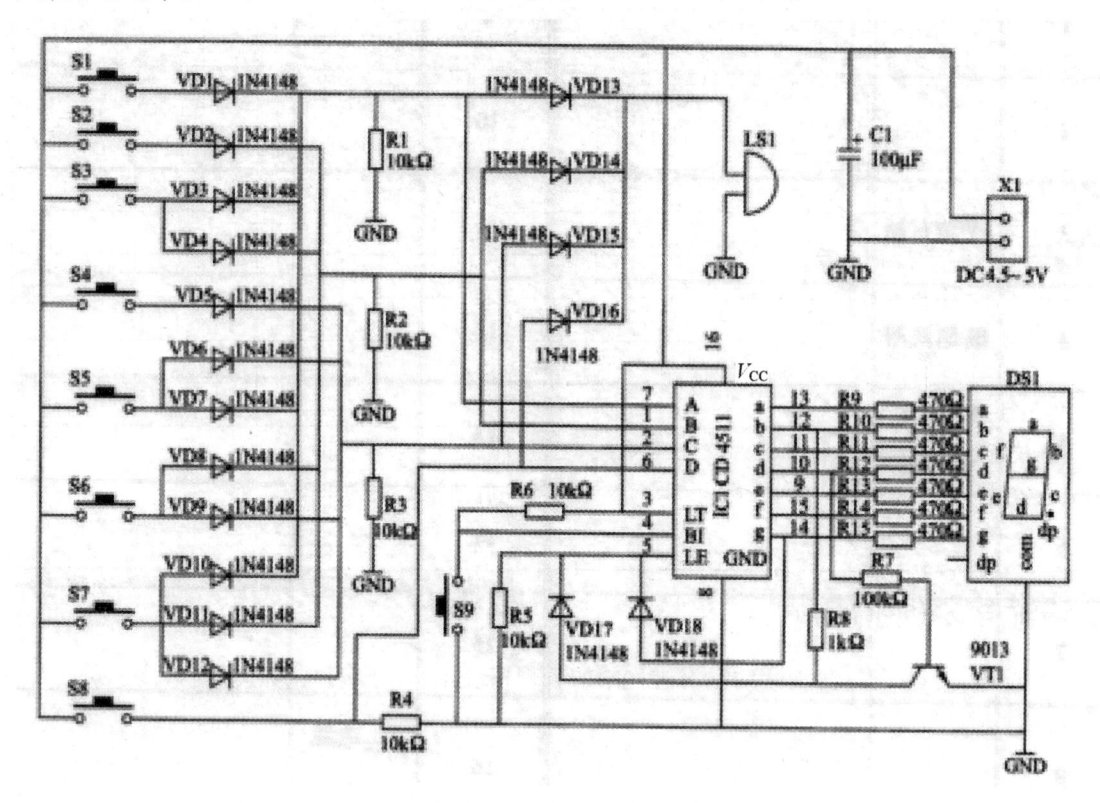

图 5-2-1　八路抢答器电路原理图

表 5-2-1　八路抢答器元器件清单

序号	元器件名称	文字符号	型号及规格	数量	备注
1					
2					
3					
4					
5					
6					

续表

序号	元器件名称	文字符号	型号及规格	数量	备注
7					
8					
9					
10					
11					
12					
13					
14					
15					
16					
17					
18					
19					
20					
21					

2. 如图 5-2-2 和图 5-2-3 所示分别为显示译码器 CD4511 芯片的实物图和引脚图，查阅 CD4511 芯片说明书，完成下列任务。

图 5-2-2　CD4511 芯片实物图　　　　图 5-2-3　CD4511 芯片引脚图

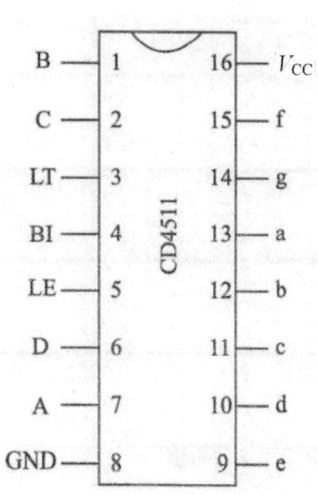

（1）将表 5-2-2 中 CD4511 芯片引脚名称补充完整，并解释其主要引脚的功能。

表 5-2-2　CD4511 引脚功能表

序号	引脚名称	引脚功能描述	序号	引脚名称	引脚功能描述
1			9		
2			10		
3			11		
4			12		
5			13		
6			14		
7			15		
8			16		

（2）根据表 5-2-3 所列 CD4511 真值表，简述 CD4511 芯片的工作原理。

表 5-2-3　CD4511 真值表

输入							输出							显示
LE	BI	LT	D	C	B	A	a	b	c	d	e	f	g	
×	×	0	×	×	×	×	1	1	1	1	1	1	1	8
×	0	1	×	×	×	×	0	0	0	0	0	0	0	消隐
0	1	1	0	0	0	0	1	1	1	1	1	1	0	0
0	1	1	0	0	0	1	0	1	1	0	0	0	0	1
0	1	1	0	0	1	0	1	1	0	1	1	0	1	2
0	1	1	0	0	1	1	1	1	1	1	0	0	1	3
0	1	1	0	1	0	0	0	1	1	0	0	1	1	4
0	1	1	0	1	0	1	1	0	1	1	0	1	1	5
0	1	1	0	1	1	0	0	0	1	1	1	1	1	6
0	1	1	0	1	1	1	1	1	1	0	0	0	0	7
0	1	1	1	0	0	0	1	1	1	1	1	1	1	8
0	1	1	1	0	0	1	1	1	1	1	0	1	1	9
0	1	1	1	0	1	0	0	0	0	0	0	0	0	消隐
0	1	1	1	0	1	1	0	0	0	0	0	0	0	消隐
0	1	1	1	1	0	0	0	0	0	0	0	0	0	消隐
0	1	1	1	1	0	1	0	0	0	0	0	0	0	消隐
0	1	1	1	1	1	0	0	0	0	0	0	0	0	消隐
0	1	1	1	1	1	1	0	0	0	0	0	0	0	消隐
1	1	1	×	×	×	×	锁存							锁存

3. 如图 5-2-4 和图 5-2-5 所示分别为七段数码管的实物图和引脚图，其按内部连接方法不同分为共阴极和共阳极两种，如图 5-2-6 所示。试分析若 CD4511 芯片的译码输出端为高电平 "1" 有效，那么八路抢答器中应使用共阴极还是共阳极的七段数码管？

图 5-2-4 数码管实物图　　　　　　　　图 5-2-5 数码管引脚图

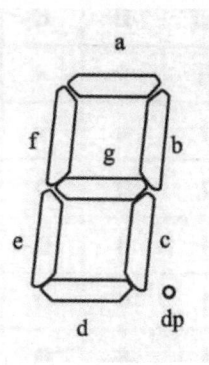

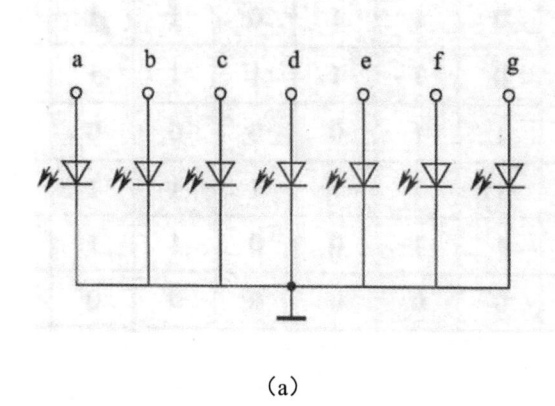

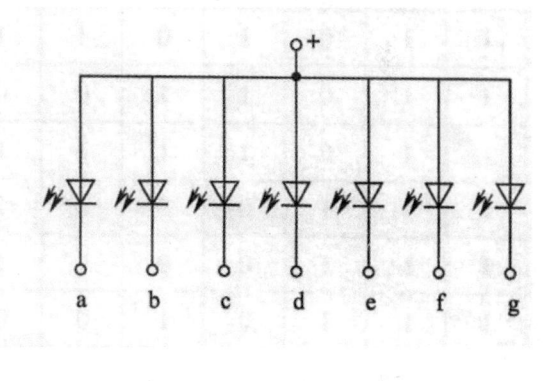

(a)　　　　　　　　　　　　　　(b)

图 5-2-6 七段数码管内部连接方法

(a) 共阴极接法　　(b) 共阳极接法

4. 本任务的八路抢答器是在同一电路中，从多路数据中选择一路数据，然后对这路数据进行分配并显示输出，为了实现这种逻辑功能，就要用到数据选择器和数据分配器。查阅相关资料，简述数据选择器和数据分配器的功能和工作原理。

5．分析图 5-2-7 所示八路抢答器电路结构图，完成下列任务。

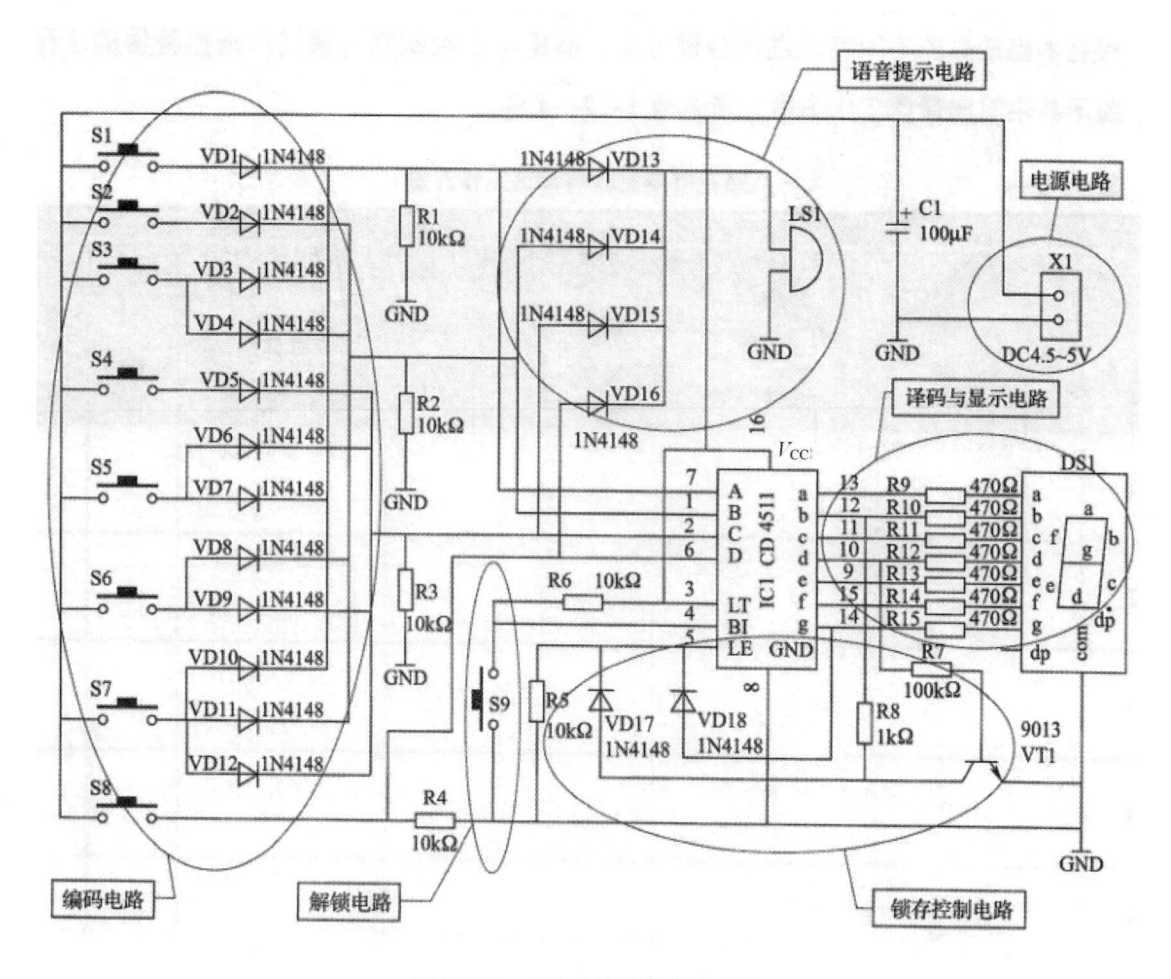

图 5-2-7　八路抢答器电路结构图

（1）分析八路抢答器电路结构图，完善图 5-2-8 所示电路方框图。

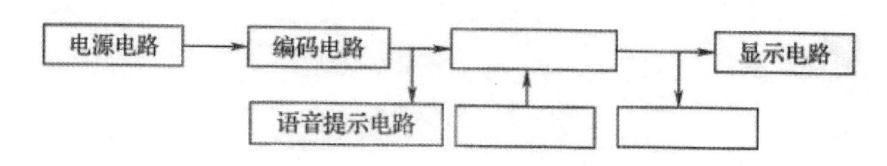

图 5-2-8　八路抢答器电路方框图

（2）简述八路抢答器的工作过程。

二、制定工作方案

根据本组成员的不同特点进行合理分工，制定本小组制作与调试八路抢答器的工作方案，展示并决策出最佳工作方案，填入表 5-2-4 中。

表 5-2-4　八路抢答器制作与调试工作方案

任务名称		任务起止日期		方案制定日期		
序号	实施步骤	工作内容		所需资料、材料及工具	负责人	参与人员
1						
2						
3						
4						
5						
6						
教师审核意见： 教师（签名）：_____			决策人（签名）：_____ 　　　　　　　　　年　月　日			

【评价与分析】

根据每个小组成员在本活动学习过程中的表现情况填写"学习任务过程性考核记录表"。

学习活动三　绘制八路抢答器电路原理图和 PCB 图

【活动目标】

1. 能用 Altium Designer 绘制八路抢答器电路原理图和 PCB 图。
2. 能描述印制电路板的基本结构。

【建议学时】

12 学时。

【学习过程】

一、绘制八路抢答器电路原理图

利用计算机绘图软件 Altium Designer 绘制如图 5-3-1 所示八路抢答器电路原理图。

◇◇ 电子产品制作与调试

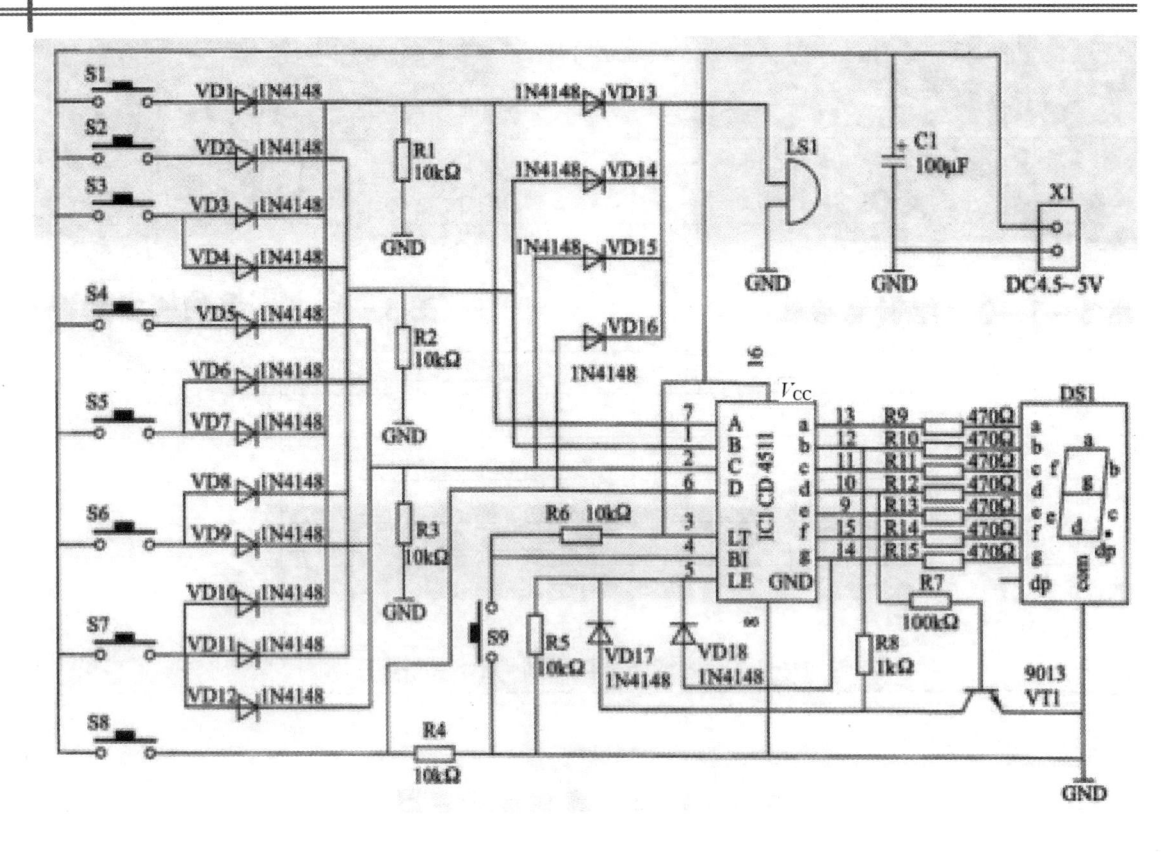

图 5-3-1　八路抢答器电路原理图

电路原理图绘制完成后，对照电路原理图的电气连接进行错误检查。若有错误，参考错误信息报告进行电路图修改。

【小提示】

在 Altium Designer 绘图软件中绘制八路抢答器电路原理图时，应选择数码管第 3,8 脚标"K"字母的类型，不选标"A"字母的类型，否则，在导入网络表时，数码管不能添加到 PCB 图中。

二、认知 PCB 板

印制电路板也称 PCB 板，它是在覆铜板上用腐蚀方法除去多余铜箔而得到的可焊接电子元件的电路板，如图 5-3-2 所示。查阅相关资料，完成下列任务。

1. 覆铜板是指将绝缘的基板和铜箔板进行压制而成的可用于印制电路板生产的覆铜箔层压板（copper clad laminate，CCL），其实物如图 5-3-3 所示。试指出图 5-3-4 中覆铜板各层的名称。

图 5-3-2　印制电路板　　　　　　　图 5-3-3　覆铜板实物图

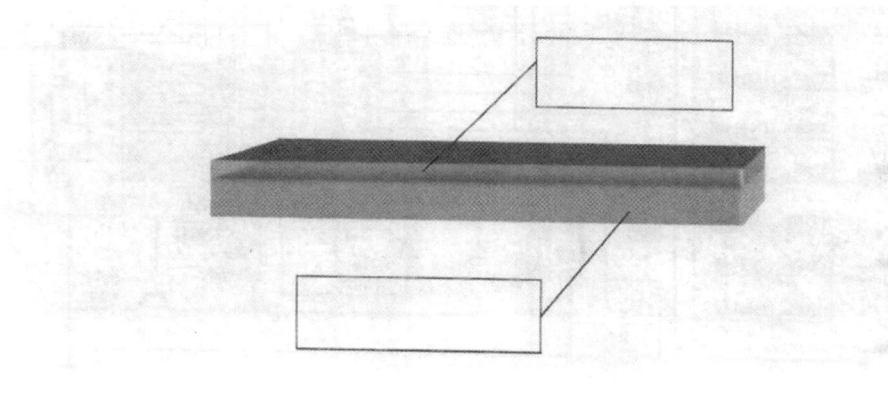

图 5-3-4　覆铜板示意图

2．覆铜板种类繁多，按不同的分类方式分类，覆铜板有哪几种类型？

3．现代印制电路板除单面板和双面板外，还出现了有中间铜箔夹层导电的多层板。查阅相关资料，写出图 5-3-5 中印制电路板各层的名称。

图 5-3-5　印制电路板的层

4. 写出图 5-3-6 所示印制电路板中各种膜的中文名称。

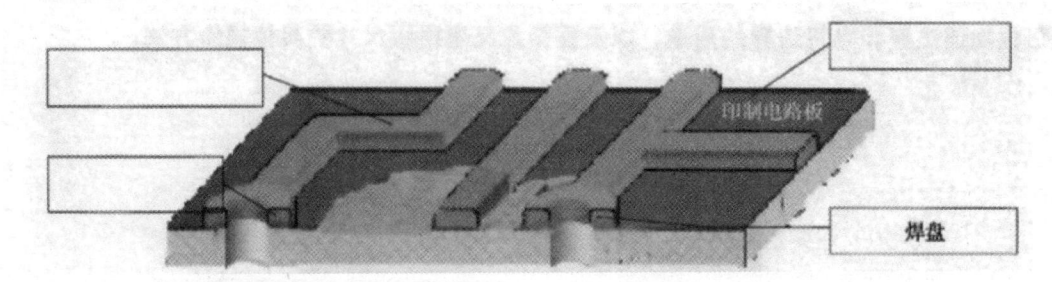

图 5-3-6　印制电路板的膜

5. 印制电路板通常有元件面和焊接面之分，观察图 5-3-7，判断图中分别展示的是元件面还是焊接面。

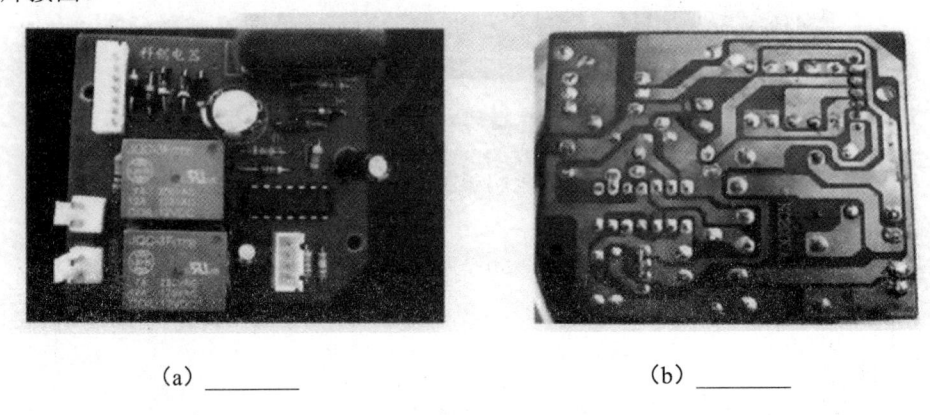

(a) _____　　　　　　　　　　　(b) _____

图 5-3-7　PCB 板的元件面和焊接面

三、绘制八路抢答器 PCB 图

为了制作八路抢答器印制电路板，绘制好电路原理图后，还需要利用 Altium Designer 绘图软件将八路抢答器电路原理图设计成 PCB 图，具体步骤如下。

1. 生成网络表

在将电路原理图导入 PCB 电路图之前，应先生成网络表，它是电路原理图与 PCB 图设计之间的桥梁。

2. 定义电路板

（1）根据前面所学的知识，简述生成网络表的操作方法。形状不满意，可重新定义电路板，即修改默认的电路板物理边界和电气边界，如图 5-3-8 所示。查阅相关资料，简述电路板物理边界和电气边界的用途，以及重新定义电路板尺寸的具体操作方法。

图 5-3-8　PCB 图的物理边界和电气边界

【小提示】

电路板的电气边界一定要在 Keep-Out Layer 层中定义，物理边界应该在 Mechanical Layer 层中定义。为了画图方便，还可将 PCB 板的图纸测量单位设置为公制单位"metric"。

（2）在本任务中，八路抢答器电路板的实际大小为 90mm×80mm，则其 PCB 板的物理边界和电气边界应分别设置成多大？

3. 导入网络表和元件封装

为了确保导入元件封装的正确性，绝大多数情况下利用同步器导入元件封装。查阅相关资料，简述导入网络表和元件封装的具体操作方法以及注意事项。

4. 元器件布局

导入八路抢答器电路原理图的网络表，确保元器件全部导入后，即可自动或手动布局元器件并进行元器件编辑，使元器件的大小和封装形式与实际元器件类型相适应，如图 5-3-9 所示。查阅相关资料，简述手工布局元器件的操作方法。

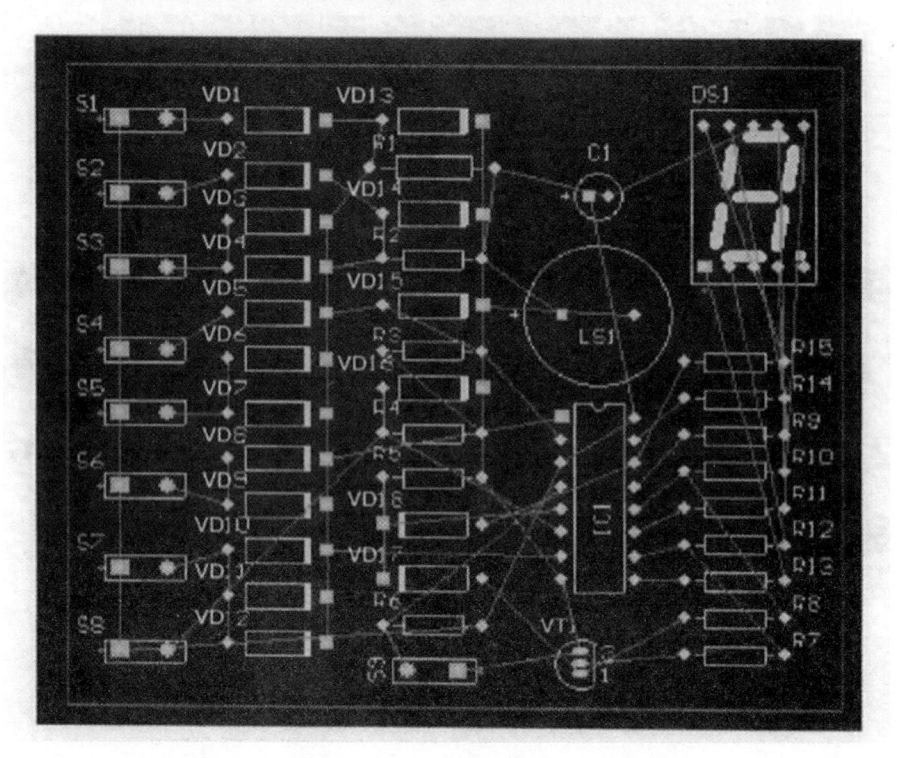

图 5-3-9　元器件编辑与布局

【小提示】

进行元器件布局时，应在电容器 C1 的上面添加两个焊盘，其中一个接 V_{cc}（+5V）电源输入端，另一个接 GND 电源接地端，并按电路图将这两个焊盘分别与 C1 的正负极连接。

5. 布线

（1）在自动布线前，应先设置布线规则，主要包括布线宽度、布线工作层面、布线的拐角模式、布线优先级、过孔形式等。查阅相关资料，小组讨论若待制作的八路抢答器的电路板是单面板，需要完成哪些参数的设置，其具体参数是什么？

（2）查阅相关资料，简述设置布线规则的具体操作方法。

（3）布线规则设置好后，先自动布线，再参照图 5-3-10 采用手动方式进行布线的调整和修改。

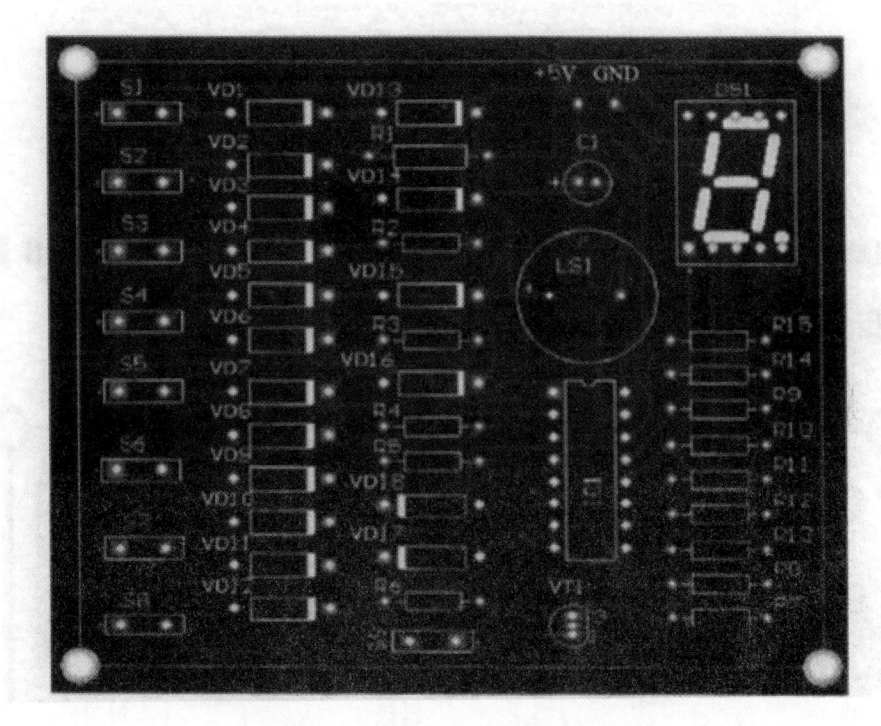

图 5-3-10　自动和手动布线后的 PCB 图

【小提示】

在电气边界线的四个角上分别放置一个内径为 3 mm、外径为 4 mm 的过孔，作为电路板的安装固定孔。

在 PCB 板的右下角可设置电路板注释，并将其放在 Bottom Layer 层中。

（1）查阅相关资料，简述打印 PCB 图的具体操作方法。

（2）在 Altium Designer 绘图软件中按实际大小打印八路抢答器 PCB 图中的顶层丝印层（图 5-3-11）和底层线路图（图 5-3-12）。

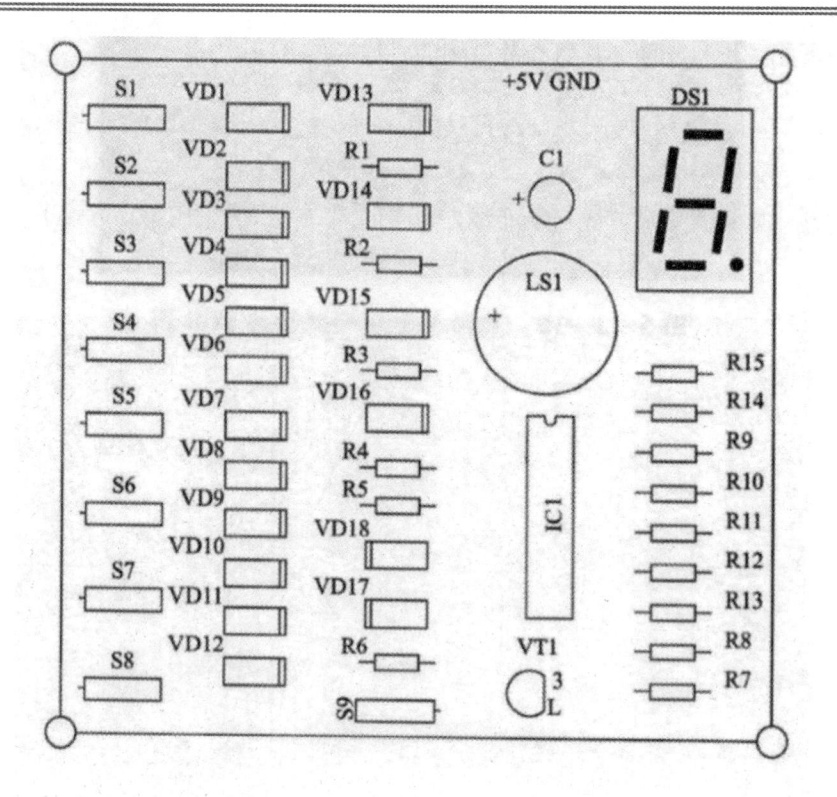

图 5-3-11　PCB 板顶层丝印层（元件)

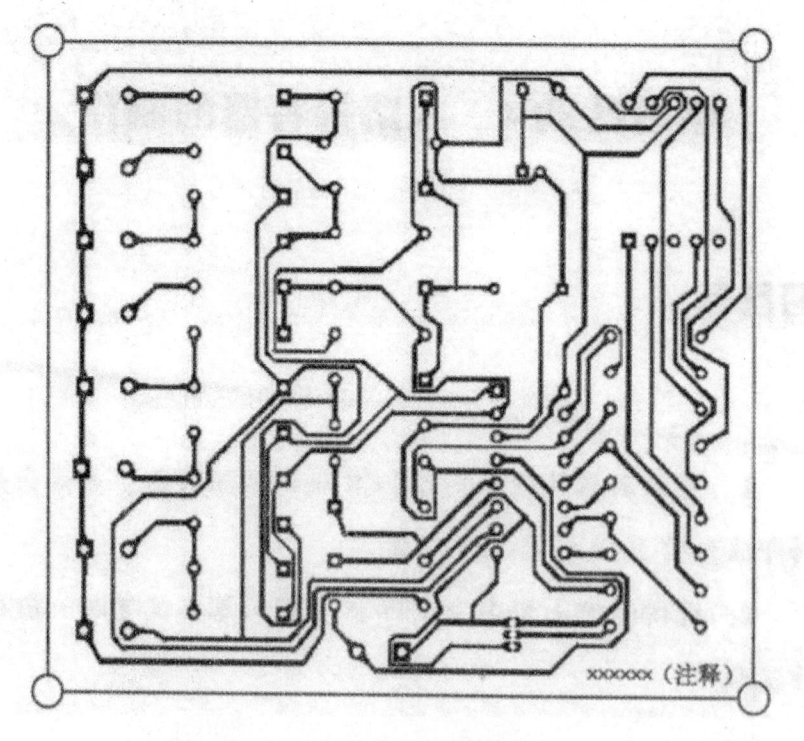

图 5-3-12　PCB 板底层线路布局（导线)

【评价与分析】

根据每个小组成员在本活动学习过程中的表现情况填写"学习任务过程性考核记录表"。

学习活动四　八路抢答器的制作

【活动目标】

1. 能识别热转印法制作 PCB 板的常用设备，并说出热转印法制作 PCB 板的操作步骤。
2. 能描述中小型企业制作 PCB 板的基本工艺和一般操作流程。
3. 能根据热转印法制板工艺，领取制作 PCB 板所需的工具及材料，并完成八路抢答器 PCB 板的制作。
4. 能正确填写并领取制作八路抢答器所需元器件、装配工具及辅助材料。
5. 能正确识别和核对所领用的元器件、工具及材料。
6. 能检测 CD4511 集成芯片、数码管等主要元器件。
7. 能按电子产品制作工艺规范完成八路抢答器的制作。

【建议学时】

20 学时。

【学习过程】

一、八路抢答器 PCB 板制作前准备

1. 上网查阅相关资料，简述常用的 PCB 板制作方法有哪些。

2. 查阅相关资料，结合图 5-4-1 所示热转印法制作 PCB 板的工艺流程，完成下列题目。

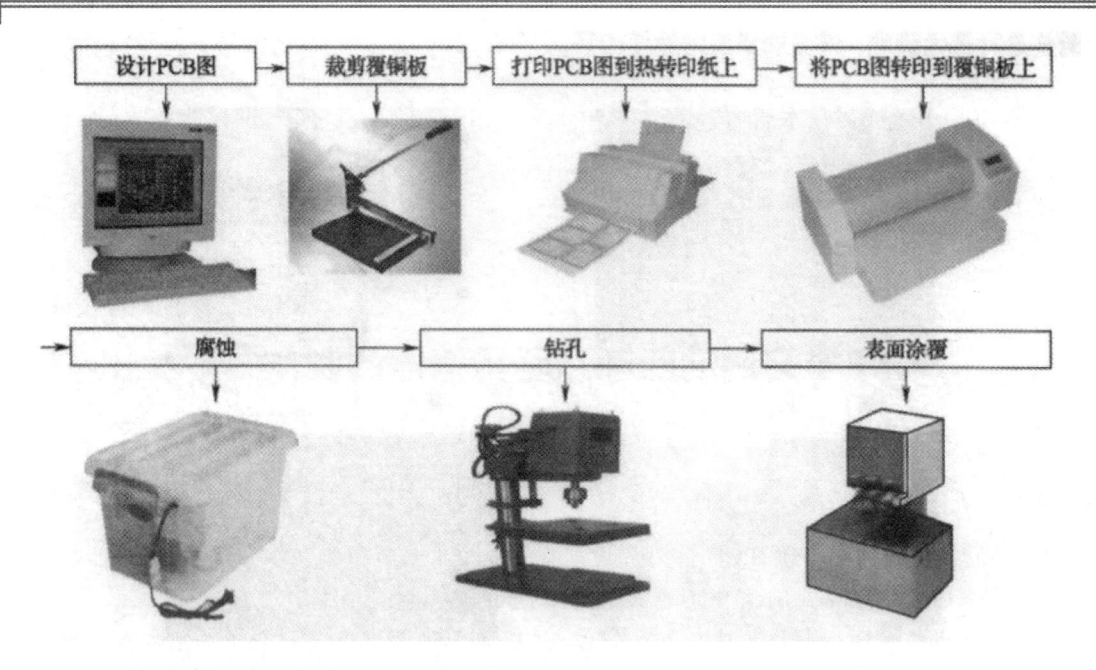

图 5-4-1　热转印法制作 PCB 板的工艺流程和设备

（1）裁剪覆铜板的目的就是将大面积的覆铜箔板预裁剪成合适大小，以便后续工序的加工。常见的裁剪工具和设备如图 5-4-2 所示，试将其名称填写在对应图片的空白处。

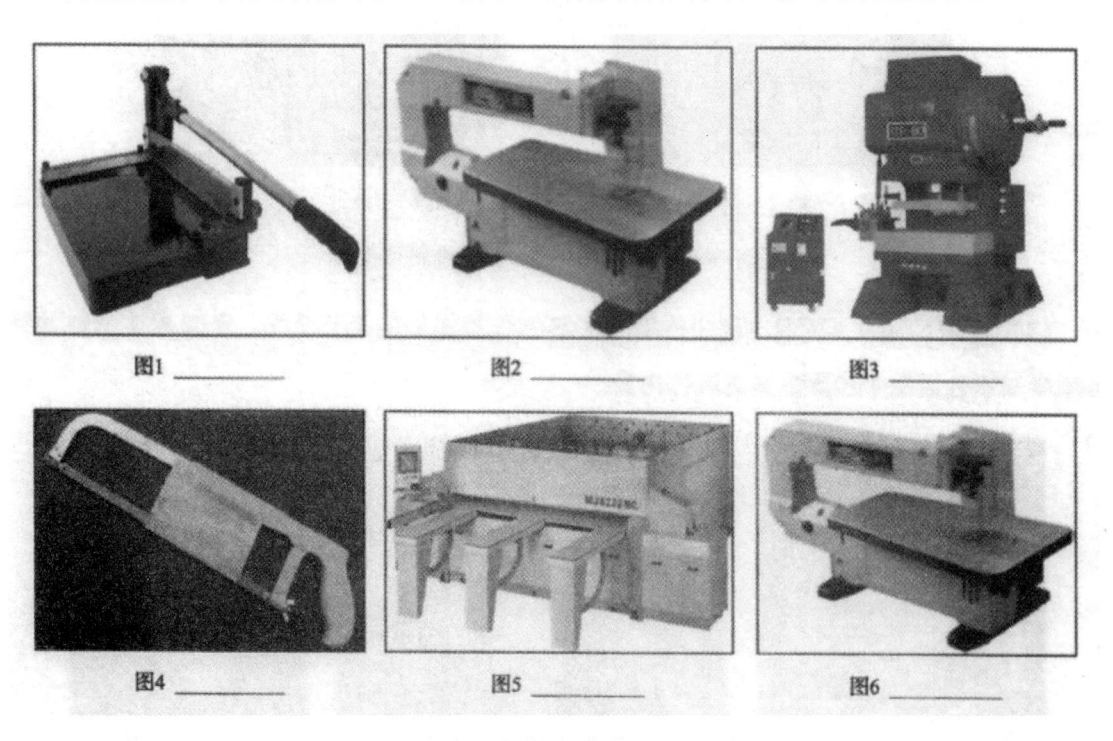

图1 ＿＿＿＿＿

图2 ＿＿＿＿＿

图3 ＿＿＿＿＿

图4 ＿＿＿＿＿

图5 ＿＿＿＿＿

图6 ＿＿＿＿＿

图 5-4-2　常见的裁剪工具和设备

（2）如图 5-4-3 所示为某电路 PCB 板的制作过程图，试按热转印法制作工艺流程对图片进行正确编号，并注明该步的操作内容。

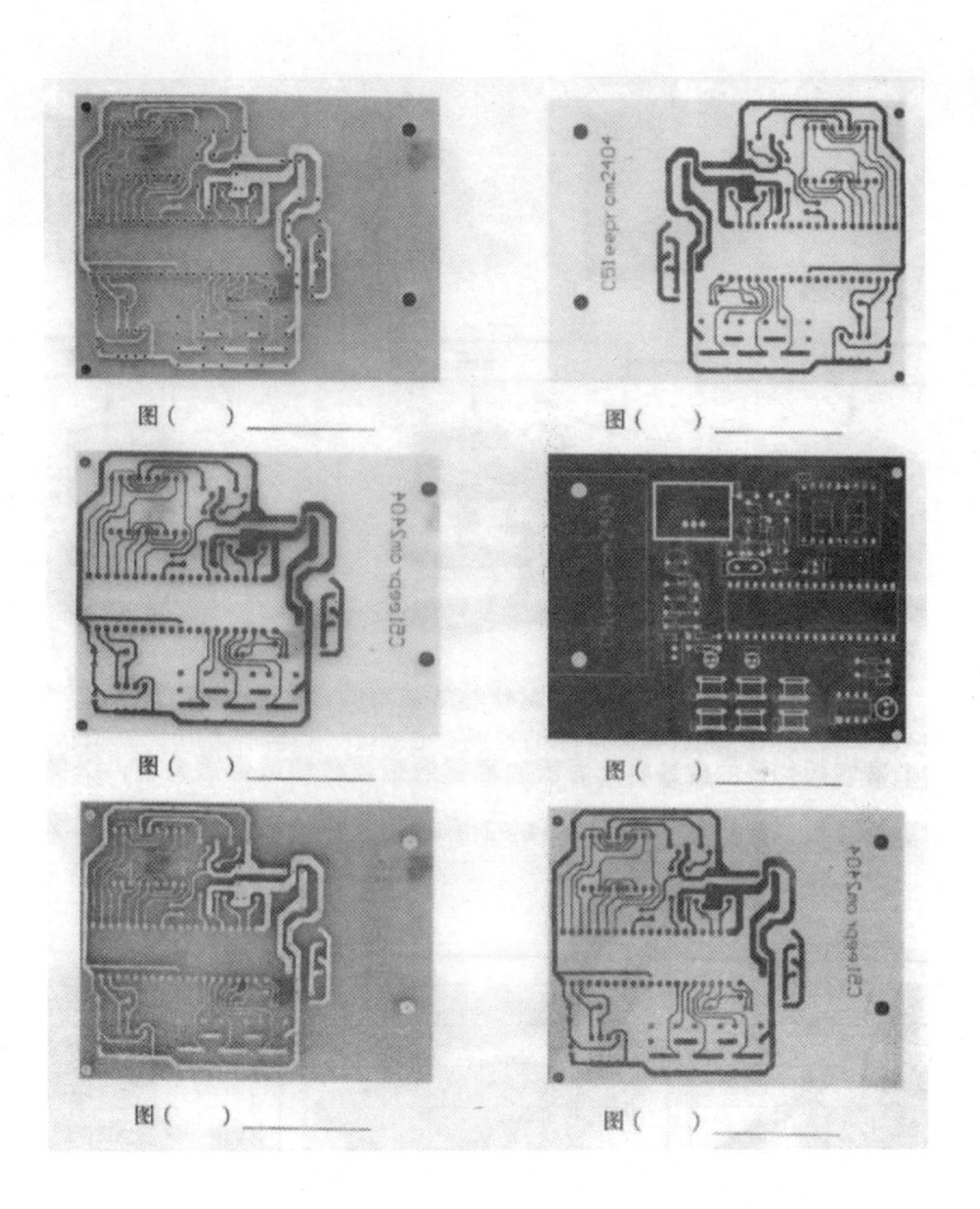

图（　）_____　　　　　　　图（　）_____

图（　）_____　　　　　　　图（　）_____

图（　）_____　　　　　　　图（　）_____

图 5-4-3　某电路 PCB 板的制作过程

（3）如图 5-4-4 所示为某企业用油印法制作单面板的工艺流程，查阅相关资料并结合所学知识注明每个步骤的具体操作内容。

图1 _____   图2 _____   图3 _____

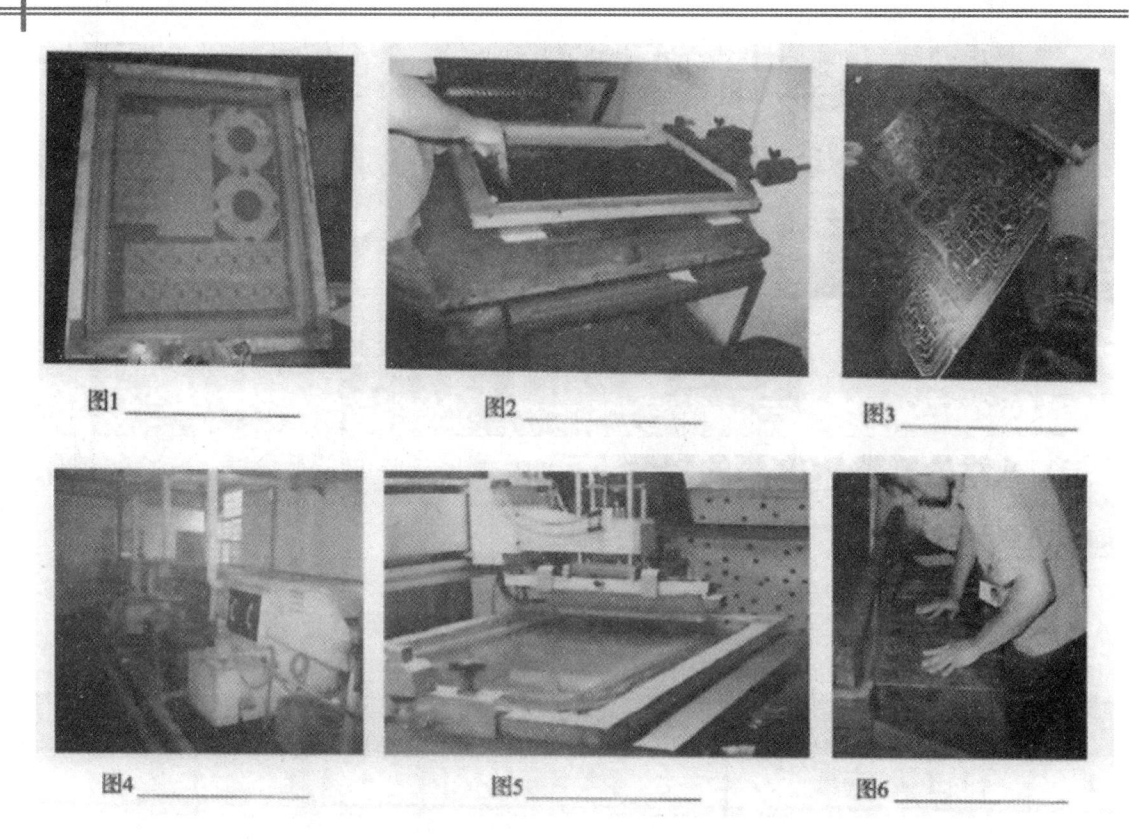

图4 _____   图5 _____   图6 _____

图 5-4-4　单面板的生产流程

（4）小组讨论采用热转印法制作八路抢答器 PCB 板时需要准备哪些设备和材料，并填入表 5-4-1 中。

表 5-4-1　制作八路抢答器 PCB 板所需设备和材料清单

序号	设备和材料名称	型号及规格	数量	备注
1				
2				
3				
4				
5				
6				
7				
8				
9				
10				
11				
12				

二、八路抢答器 PCB 板的制作

1. 准备 PCB 板制作工具与材料

（1）按表 5-4-2 所列清单准备制作 PCB 板所需设备。

表 5-4-2　制作 PCB 板所需设备清单

序号	设备和材料名称	型号及规格	数量	备注
1	手动裁板机	型号自定	1 台	
2	热转印机	型号自定	1 台	
3	钻孔机	小型台钻	1 台	
4	计算机	型号自定	1 台	
5	激光打印机	型号自定	1 台	

（2）按表 5-4-3 所列清单领取、清点并检测制作 PCB 板的工具与材料。

表 5-4-3　制作 PCB 板的工具与材料清单

序号	设备和材料名称	型号及规格	数量	备注
1	覆铜板	200mm×200mm×1mm	1 张	
2	热转印纸	普通	1 张	
3	蚀刻纸	环保型	1 袋	
4	细砂纸	环保型	1 张	
5	锉刀	细齿	1 把	

2. 制作八路抢答器 PCB 板

在电子实训场地，按表 5-4-4 所示热转印法制作八路抢答器 PCB 板的操作过程提示完成八路抢答器 PCB 板的制作，并完善表 5-4-4。

表 5-4-4　八路抢答器 PCB 板的制作过程

序号	测试步骤	操作示意图	操作要点	注意事项
1	裁剪覆铜板		用手动裁板机或手锯将领用的覆铜板裁成_____规格大小	裁剪覆铜板的工艺标准主要有长度及其偏差、宽度及其偏差、由度、扭曲度、垂直度、板厚精度、铜箔不能翘起、覆铜板不能分层等
			用细砂纸去掉覆铜板铜箔表面的氧化层	
			用锉刀锉光覆铜板的四周，保证覆铜板的实际尺寸要求，并在其铜箔面标注好电气边界	
2	打印 PCB 图		将设计好的八路抢答器 PCB 图的底层线路图和顶层元件标识图用激光打印机打印到热转印纸的_____（光滑面/粗糙面）	打印出的图纸要线条轮廓清晰，无重影；板面干净整洁，无油墨污染
3	热转印 PCB 图		打开热转印机电源开关，将热转印机的温度调至_____℃，并剪好热转印纸备用。然后将粘贴好热转印纸的覆铜板放入热转印机中来回热印_____次	在将热转印纸粘贴在覆铜板前，如果覆铜板在进行前面工序处理时留有水痕，一定要用烘干机烘干或用干净抹布擦干

续表

序号	测试步骤	操作示意图	操作要点	注意事项
4	撕下热转印纸		待热转印纸和覆铜板冷却后,撕开纸胶带并慢慢地从覆铜板上取下热转印纸	热转印后,观察覆铜板上线路图的转印效果,若有断线或线条轮廓不清晰的地方,要用合适的油性笔进行处理
5	腐蚀覆铜板		以塑料盒或瓷盆作为配制溶液的容器,将蚀刻剂和50℃以上的水按1:4比例进行混合,溶解成蚀刻溶液。再将待蚀刻线路板放入蚀刻溶液中,并轻轻地摇动容器,5~15 min后即可完成线路板的蚀刻操作	进行蚀刻操作时,应戴好橡胶手套,不要用手直接接触。三氯化铁等废弃蚀刻溶液中含有铜离子,对环境有害,丢弃前应用食碱或石灰等碱性物质处理后再妥当丢弃
6	钻孔		待线路板晾干后,将0.8 mm的钻头夹持在小型台钻的主轴钻夹头上,完成线路板的钻孔操作,并将孔周边的毛刺打磨光滑	钻孔时,应注意防止钻孔缺陷,减少出现孔壁粗糙、毛刺、偏孔等情况
7	清洗PCB板		用丙酮等有机溶剂清洗线路板上的黑色炭粉	给加工好的线路板涂上松香水等助焊剂,防止焊盘氧化,以利于后续焊接操作

3．印制电路板的质量检验

（1）查阅相关资料，指出印制电路板质量检验的工艺标准有哪些。

（2）印制电路板按照性能不同可分为哪些等级？其中，1级印制电路板的主要要求是什么？

（3）印制电路板质量检验操作规程主要包括目检、尺寸检验和电气检验等八种检验。查阅相关资料，将图5-4-5所示内容补充完整。

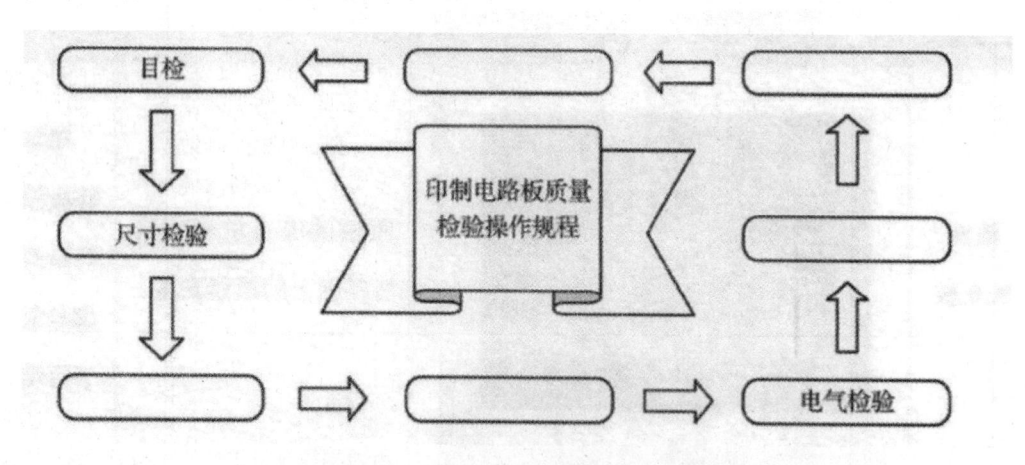

图 5-4-5 印制电路板质量检验操作规程

4．八路抢答器印制电路板制作质量的检测

按照表5-4-5所列八路抢答器印制电路板制作质量评价表对各组制作的PCB板进行考核评价。

表 5-4-5　八路抢答器印制电路板制作质量评价表

序号	评价项目	评价标准	配分（分）	实际得分 自我评价	实际得分 小组评价	实际得分 教师评价
1	覆铜板外观	覆铜板长、宽符合尺寸要求，各边相互垂直、光滑。不合格，每处扣 2 分	10			
2		覆铜板铜箔面整洁，无氧化层，无铜箔翘起和分层现象。不合格，每处扣 1 分	10			
3	图形转移	热转印纸打印面选择正确，打印图案清晰，大小符合要求。不合格，每处扣 1 分	10			
4		热转印机温度设置正确，热转印操作正确，转印质量好。不合格，每处扣 1 分	15			
5	铜箔腐蚀	蚀刻剂和容器选择正确，蚀刻溶液配制正确。不合格，每处扣 2 分	10			
6		腐蚀操作正确，覆铜板导线轮廓清晰，无断线和串线现象。不合格，每处扣 1 分	15			
7	PCB 板钻孔	钻孔机、钻头选择正确，钻孔操作正确，PCB 板钻孔质量高，无少钻、钻错现象。不合格，每处扣 1 分	10			
8	PCB 板整体外观	PCB 板整体美观、干净整洁、表面光滑、无毛刺，电气面布局合理，无功能缺陷。不合格，每处扣 1 分	10			
9	文明生产	在操作过程中，工、量具摆放符合 6S 标准，防护用品穿戴整齐，节约成本，注重环境保护。不合格，每处扣 1 分	10			
总计	综合成绩=自我评价×25%＋小组评价×25%＋教师评价×50%		100			

三、八路抢答器的制作

1．领取八路抢答器制作套件及工具

（1）填写八路抢答器制作套件及工具领用单（表 5-4-6），每组领用一组八路抢答器套件，如图 5-4-6 所示。

表 5-4-6 八路抢答器制作套件及工具领用单

任务名称			指导教师	
序号	套件及工具名称	型号及规格	数量	目测外观情况
1				
2				
3				
4				
5				
6				
7				
8				
9				

发放人（签名）：_____
领用人（签名）：_____

年　月　日

图 5-4-6 八路抢答器套件

（2）识别八路抢答器套件中各电子元器件的名称，分类清点元器件的数量，如图 5-4-7 所示，填写表 5-4-7 所列八路抢答器元器件清单。

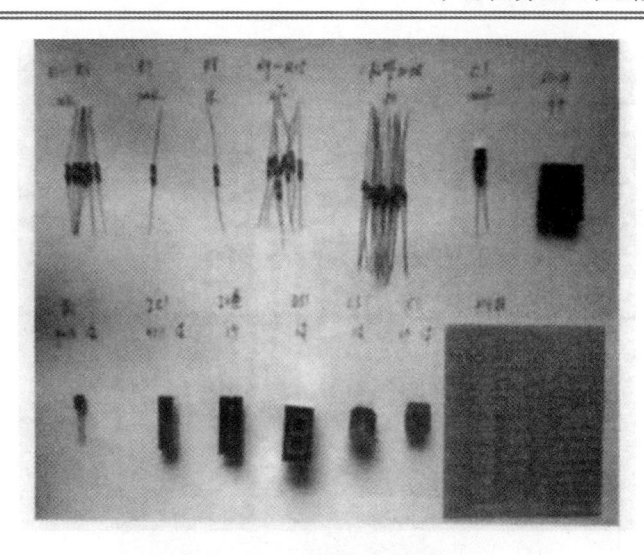

图 5-4-7 识别并清点元器件

表 5-4-7 八路抢答器元器件清单

序号	工位号	图形符号	元器件名称	型号及规格	数量	清点结果
1						
2						
3						
4						
5						
6						
7						
8						
9						
10						
11						
12						
13						
14						
备注：元器件型号、规格和数量清点无误后，在对应的清点结果栏处打"√"，否则打"×"							

2. 检测元器件

按照电子产品生产工艺要求，在进行元器件装配前首先要检测元器件的功能好坏（表 5-4-8），并对有质量问题的元器件进行标记。

表 5-4-8 主要元器件的检测

序号	检测内容	操作示意图	操作提示
1	二极管	(a) (b)	
2	数码管		
3	CD4511 芯片		

3. 装配印制电路板

（1）根据电子焊接工艺要求，按装配的先后顺序以数字形式对下面待装配的元器件进行编号。

电阻器（　　）　　　　　　　　电容器（　　）
蜂鸣器（　　）　　　　　　　　二极管（　　）
数码管（　　）　　　　　　　　IC 插座（　　）
电源输入端子（　　）　　　　　三极管（　　）
CD4511 芯片（　　）　　　　　　轻触开关（　　）

（2）按印制电路板工艺要求完成八路抢答器电路板的装配，并将表 5-4-9 中的操作提示补充完整。

表 5-4-9　印制电路板的装配

序号	操作步骤	操作示意图	操作提示
1	插接、焊接二极管		插装二极管时应重点考虑的是_____（A．极性 B．大小），此类二极管有黑环的一端表示_____（A．正极 B．负极）。仔细观察左图，指出哪两只二极管的插装方向与其他二极管不同：_____
2	插接、焊接电阻器		该八路抢答器用到的不同规格电阻器的色序分别为： 1k：_____； 10k：_____； 100k：_____； 470：_____。 在进行电阻器插装时，应使色序与_____一致

续表

序号	操作步骤	操作示意图	操作提示
3	插接、焊接轻触开关和IC插座		在插装轻触开关和IC插座时，应注意_____
4	插装、焊接数码管三极管和电源输入端子		在插装、焊接数码管三极管和电源输入端子时应注意_____
5	安装IC芯片		在安装IC芯片时应注意_____

4．整机装配

装配八路抢答器整机，如图 5-4-8 所示。小组讨论电池盒中的三节 7 号电池提供的总电压是多少？八路抢答器电路板的+5V 端和 GND 端分别接红线还是黑线？

(a)　　　　　　　　　　　　(b)

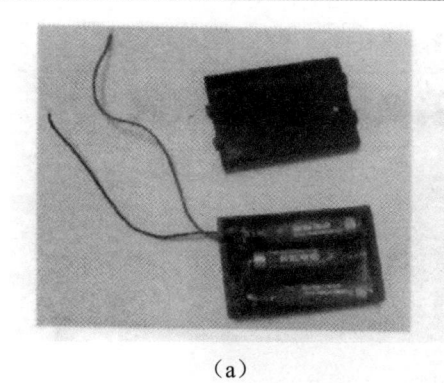

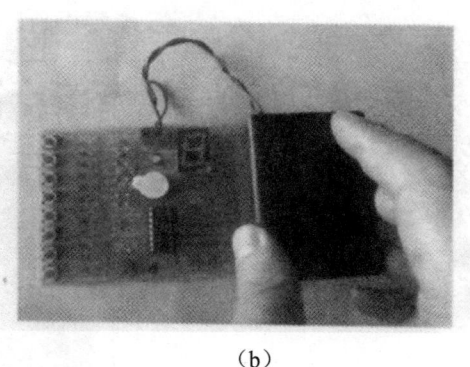

图 5-4-8　八路抢答器整机装配

【评价与分析】

根据每个小组成员在本活动学习过程中的表现情况填写"学习任务过程性考核记录表"。

学习活动五　八路抢答器的调试与验收

【活动目标】

1. 能对八路抢答器进行通电调试，并通过观察法验证其功能。
2. 能根据故障现象，用万用表测试八路抢答器关键点的电气参数，找出故障原因并排除故障。
3. 能按照验收标准完成八路抢答器的验收工作，并填写八路抢答器交付清单。
4. 能按照生产现场管理 6S 标准对生产现场进行管理。

【建议学时】

8 学时。

【学习过程】

一、通电调试

1. 按照表 5-5-1 所列调试步骤进行八路抢答器的功能测试，并记录观察结果。

表 5-5-1　八路抢答器功能测试

序号	调试步骤	示意图	观察结果
1	将电池盒的电源开关置于 ON 状态		
2	按下 S5 键		
3	按下除 S5 键和 S9 键以外的其他键		
4	按下 S9 键		
5	再次按下 S8 键		

2．若清零后再次按下 S5 键时数码管显示的数字"5"不完整，则需要用万用表直流电压挡分别测试 CD4511 第 10、11、13、14、15 脚，记录五个引脚的实测值，通过比较它们之间的电压值找出故障原因。小组讨论这样做的理由是什么？如果清零后再次按下 S7 键时数码管显示的数字"7"不完整，应用万用表测试哪些电气参数？

二、交付验收

1．按表 5-5-2 所示八路抢答器验收标准进行验收并评分。

表 5-5-2　八路抢答器验收标准及评分表

序号	验收项目	验收标准	配分（分）	客户评分	备注
1	元器件安装	符合 PCB 板元器件工位要求，布局合理，电阻器的色序与字向一致，二极管、电容、蜂鸣器、三极管无极性错误，IC 芯片无方向错误，无少装现象。不合格，每处扣 1 分	20		
2	元器件焊接	焊点圆润、光滑，焊接时间恰当，成形好，无毛刺、无拉尖、无虚焊、漏焊以及损坏元器件和焊盘现象。不合格，每处扣 1 分	20		
3	整机装配质量	电池安装正确，电源导线与电路连接正确，无极性错误，外观整洁、美观。不合格，每处扣 2 分	20		
4	整机功能测试	通电后数字显示与语音提示正常，编码、译码电路正常，锁存、解锁电路正常，能实现八人抢答功能要求。不合格，每处扣 5 分	20		
5	八路抢答器调试	能正确使用仪器仪表测试电路中关键点的电气参数，能排除简单故障，并能在学习和工作中正确使用八路抢答器。不合格，每处扣 5 分	20		
客户对八路抢答器的验收评价成绩					

2．记录验收过程中存在的问题，小组讨论解决问题的方法，并填入表 5-5-3 中。

表 5-5-3　验收过程问题记录表

序号	验收中存在的问题	改进和完善措施	完成时间	备注
1				
2				
3				
4				

3．八路抢答器验收结束后，整理材料和工具，归还领用物品，并填写八路抢答器交付清单，见表 5-5-4。

表 5-5-4　八路抢答器交付清单

任务名称				接单日期	
工作地点				交付日期	
三方评价结果（百分制）	自我评价	小组评价	客户评价	验收结论（百分制）	
材料及工具归还清单					
序号	材料及工具名称	型号及规格		数量	备注
1					
2					
3					
4					
5					
6					
7					
8					
客户或负责人（签名）　　　　　　　年　月　日				团队负责人（签字）　　　　　　　年　月　日	

三、整理工作现场

按生产现场管理 6S 标准，整理工作现场、清除作业垃圾、关闭现场电源，经指导教师检查合格后方可离开工作现场。

学习活动六　工作总结与评价

【活动目标】

1. 能按分组情况，选派代表展示本组工作成果，并进行自评和互评。
2. 能代表所在学习小组，写一篇用时 3min 的获奖感言。
3. 能结合任务完成情况，正确规范地撰写工作总结（心得体会）。
4. 能对本任务中出现的问题进行分析，并提出以后的改进措施和办法。

【建议学时】

4 学时。

【学习过程】

一、【学习过程】记录

根据每个小组成员在本活动学习过程中的表现情况填写"学习任务过程性考核记录表"。

二、教师评价

认真听取教师对本小组展示成果优缺点以及在任务完成过程中出现的亮点和不足的评价意见，并做好记录。

1. 教师对本小组展示成果优点的点评。
2. 教师对本小组展示成果缺点以及改进方法的点评。
3. 教师对本小组在整个任务完成过程中出现的亮点和不足的点评。

三、工作过程回顾及总结

1. 总结完成八路抢答器制作与调试任务过程中遇到的问题和困难，列举 2~3 点你认为比较值得和其他同学分享的工作经验。

2. 回顾本学习任务的工作过程，对新学专业知识和技能进行归纳和整理，在计算机上写一篇字数不少于 800 字的工作总结，并打印成稿粘贴在下面的空白处。

3. 现要组织一场以"珍爱生命、爱护环境"为主题的知识抢答赛，试协助主办方拟订一份活动实施方案，主要内容包括本次活动的目的和意义、参赛对象、时间和地点、竞赛设备和规则等，见表5-6-1。

表5-6-1 "珍爱生命、爱护环境"知识抢答赛活动实施方案

一、目的和意义	
二、参赛对象	
三、时间和地点	
四、竞赛设备	
五、竞赛规则	
六、奖励办法	
其他	

【评价与分析】

按照客观、公正和公平原则，在教师的指导下按自我评价、小组评价和教师评价三种方式对自己或他人在本学习任务中的表现进行综合评价。综合等级按 A（90~100）、B（75~89）、C（60~74）、D（0~59）四个级别进行填写，见表5-6-2。

表 5-6-2　学习任务综合评价表

考核项目	评价内容	配分（分）	自我评价	小组评价	教师评价
职业素养	劳动保护用品穿戴完备，仪容仪表符合工作要求	5			
	安全意识、责任意识、服从意识强	6			
	积极参加教学活动，按时完成各项学习任务	6			
	团队合作意识强，善于与人交流和沟通	6			
	自觉遵守劳动纪律，尊敬师长、团结同学	6			
	爱护公物、节约材料，管理现场符合 6S 标准	6			
专业能力	专业知识扎实，有较强的自学能力	10			
	操作积极、训练刻苦，具有一定的动手能力	15			
	技能操作规范，注重安装工艺，工作效率高	10			
工作成果	产品制作符合工艺规范，产品功能满足要求	20			
	工作总结符合要求，产品制作质量高	10			
	总分	100			
总评	自我评价×20%+小组评价×20%+教师评价×60% =	综合等级	教师（签名）：		